Hauptsätze

der

Elementar-Mathematik

zum Gebrauche an höheren Lehranstalten

von

Dr. F. G. Mehler.

Bearbeitet von A. Schulte-Tigges,
Direktor des Realgymnasiums zu Cassel.

Ausgabe B.

Oberstufe 3. Teil.

Grundzüge und Anwendungen der Differentialrechnung in engster Verbindung mit graphischer Darstellung
und
Analytische Geometrie der Ebene.

Berlin W. 10
Druck und Verlag von Georg Reimer
1918.

Grundzüge und Anwendungen der Differentialrechnung in engster Verbindung mit graphischer Darstellung und Analytische Geometrie der Ebene

Für die oberen Klassen höherer Lehranstalten

bearbeitet

von

A. Schulte-Tigges,
Direktor des Realgymnasiums zu Cassel.

Fünfte unveränderte Auflage.

Berlin W. 10
Druck und Verlag von Georg Reimer
1918.

Vorwort zur ersten Auflage.

Mit dem vorliegenden dritten Teil der Oberstufe, der übrigens auch als selbständiges Werk benutzt werden kann, ist die als Ausgabe B erschienene Neuausgabe der Schellbach-Mehlerschen Elementarmathematik abgeschlossen. Die ursprünglich getrennt gedachte Behandlung der graphischen Darstellung ist mit Rücksicht auf die in der Unterstufe enthaltene Einführung mit den Grundzügen der Differentialrechnung verschmolzen worden, doch enthalten die zugehörigen Aufgaben mancherlei Stoff zur weiteren Ausführung der ersteren insbesondere hinsichtlich der Theorie der Gleichungen. Bei der Differentialrechnung ist nach Möglichkeit die sinnlich-geometrische Anschauung in den Vordergrund gestellt und alles vermieden worden, was begriffliche oder andere Schwierigkeiten bieten könnte. Es werden daher auch schwächere Schüler recht wohl imstande sein, den Darlegungen zu folgen, besonders wenn man sie daran gewöhnt, wie es hier geschehen ist, dem Lauf der Kurven mit den Augen gleitend zu folgen. Die zahlreichen und mannigfachen Anwendungen sind sicher geeignet, das Verständnis zu vertiefen und das Interesse zu erhöhen. Der anfängliche Plan, auch die Grundzüge der Integralrechnung aufzunehmen, ist noch nicht ausgeführt worden, da die eigenartigen Schwierigkeiten einer schulgemäßen Darstellung dieser Lehre noch nicht genügend gehoben werden konnten. Das Prinzip der Integration aber kommt verschiedentlich, ohne als solches genannt zu sein, namentlich in den Übungen zur Anwendung.

In die analytische Geometrie der Ebene sind nur ganz kleine Abschnitte des Stammbuches unverändert übergegangen; alles übrige ist völlig neu dargestellt und nach verschiedenen Richtungen erweitert worden. In den beigefügten Aufgaben, die durchweg neu gebildet sind — in der Differentialrechnung sind einige wenige den Jahresberichten der höheren Schulen von 1907 entnommen —, wurden die Zahlenbeispiele bevorzugt und solche allgemeineren Beispiele, die nicht unwichtige theoretische Ergebnisse liefern.

Zum Abschluß der Ausgabe B möge noch darauf hingewiesen werden, daß der größere Umfang dieser Ausgabe sich erklärt durch die Beifügung zahlreicher Aufgaben, die durch die Rücksichtnahme auf die realistischen Vollanstalten gebotene Erweiterung des Lehrstoffes wie auch durch die mehrfache Ausführung einzelner Abschnitte des letzteren zugunsten einer größeren Bewegungsfreiheit des Lehrers. Demgegenüber braucht wohl nicht besonders betont zu werden, daß es nicht die Meinung des Herausgebers ist, es müsse nun unbedingt auch der ganze Stoff den Schülern dargeboten werden.

Cassel, im September 1909.

A. Schulte-Tigges.

Vorwort zur zweiten Auflage.

Die zweite Auflage ist ein unveränderter Abdruck der ersten, in dem nur eine Reihe Druckfehler berichtigt worden sind.

Cassel, im Februar 1912.

A. Schulte-Tigges.

Inhaltsübersicht.

Erster Teil.

Grundzüge und Anwendungen der Differentialrechnung

in engster Verbindung mit graphischer Darstellung.

Erster Abschnitt.

Einführung in die Differentialrechnung.

§ 1*). Wenn eine Größe (y) sich mit einer anderen Größe (x) ändert, so nennt man die erste von der zweiten **abhängig** oder eine **Funktion** der zweiten.

Beispiele: 1. (Aus dem praktischen Leben.) Der Preis einer Ware ändert sich mit der Zeit.

2. (Aus der Arithmetik.) a) Die dritte Potenz einer Zahl ändert sich mit der Zahl; b) der Logarithmus einer Zahl ändert sich mit der Zahl.

3. (Aus der Planimetrie.) Der Flächeninhalt eines Quadrats ändert sich mit der Quadratseite.

4. (Aus der Stereometrie.) Der Rauminhalt einer Kugel ändert sich mit ihrem Halbmesser.

5. (Aus der Trigonometrie.) Der Sinus eines Winkels ändert sich mit dem Winkel. (Trigonometrische „Funktionen".)

6. (Aus der Wärmelehre.) a) Die Spannkraft des (gesättigten) Wasserdampfes ändert sich mit der Temperatur, desgl. b) die Dichte des Wassers.

7. (Aus der Meteorologie.) An demselben Ort ändert sich der Luftdruck mit der Zeit, desgl. die Temperatur und die Feuchtigkeit der Luft.

---

*) Die ersten Paragraphen dienen zugleich zur Wiederholung des Anhangs III der Unterstufe.

8. (Aus der Mechanik.) a) Die Geschwindigkeit eines frei fallenden Körpers ändert sich mit der Zeit. b) Die lebendige Kraft eines Körpers (Energie der Bewegung) ändert sich mit der Geschwindigkeit.

Bemerkung. Bei der Abhängigkeit einer Größe von einer anderen im obigen Sinne ist nicht immer die erste die Wirkung, die zweite die Ursache, wie die obigen Beispiele lehren.

§ 2. In vielen Fällen ist die Abhängigkeit so klar erkannt, daß man sie durch eine mathematische Formel (Gleichung) ausdrücken kann, so im Beispiel

2 a) durch $y = x^3$; 2 b) durch $y = \log x$; 3) durch $y = x^2$; 4) durch $y = \frac{4}{3}\pi x^3$; 5) durch $y = \sin x$; 8 a) $y = gx$; 8 b) durch $y = \frac{1}{2}mx^2$. Die hierin außer y und x vorkommenden Größen sind den Beispielen entsprechend als unveränderlich (konstant) anzusehen; x ist die unabhängige, y die abhängige Veränderliche. In andern Fällen (Beispiel 1, 6a, 6b, 7) ist es nicht möglich oder bis jetzt noch nicht möglich, die Abhängigkeit durch eine mathematische Formel wiederzugeben.

Bemerkungen. 1. Meist steht es frei, die eine oder die andere Veränderliche als unabhängige zu wählen; gegebenenfalls sind dann die Formeln umzukehren, wie in 2a) $x = \sqrt[3]{y}$, 8a) $x = \frac{y}{g}$ usw.

2. In vielen Fällen ist eine Größe von mehr als einer andern abhängig, wie in den Beispielen 8a) und 8b) wenn auch g und m als veränderlich angenommen werden. Die Gesamtänderung von y kann dann aber in der Weise festgestellt werden, daß man die Veränderungen der einzelnen unabhängigen Veränderlichen nacheinander vornimmt, womit denn diese Aufgabe auf mehrere obiger Art zurückgeführt ist.

Übung. Suche weitere Beispiele auf und drücke die Abhängigkeit wenn möglich durch eine mathematische Formel aus.

§ 3. In allen Fällen aber läßt sich die Abhängigkeit auf doppelte Weise darstellen, nämlich

1) arithmetisch: durch eine Zahlentabelle,

2) geometrisch: durch eine Zeichnung (graphische Darstellung).

Die Zahlentabelle erhält man, wenn man für die eine Veränderliche bestimmte Werte (meist in wachsender Folge) annimmt und die zugehörigen Werte der andern ermittelt. Als eine solche Zahlentabelle würde sich ergeben für

Beispiel 6a.

Temperatur $x=$	0	10	20	30	40	50	60	70	80	90	100	Grad Celsius.
Spannkraft $y=$	4,6	9,2	17,4	31,5	54,9	92,0	148,8	233,1	354,6	525,5	760,0	mm Quecksilber.

Beispiel 2a.

$x=$	-4	-3	-2	-1	0	1	2	3	4
$y=x^3=$	-64	-27	-8	-1	0	1	8	27	64

Bemerkung. Ist die Abhängigkeit durch eine mathematische Formel darstellbar, so kann man für die unabhängige Veränderliche beliebige Werte annehmen und wählt im allgemeinen solche, die gleichmäßig zunehmen; in den anderen Fällen muß man sich mit den Werten begnügen, für die die Abhängigkeit tatsächlich ermittelt ist.

Übung. Entwirf zu den angegebenen und weiteren Beispielen Zahlentabellen.

§ 4. Die Zahlentabelle gibt nur ausgesuchte Werte der Veränderlichen wieder, die sich sprungweise ändern; sie zeigt also nicht lückenlos, wie die abhängige Veränderliche sich ändert, wenn die andere allmählich zunimmt. Dies aber leistet die graphische Darstellung.

Hierbei werden beide Veränderliche durch Strecken dargestellt, indem für die Maßeinheit einer jeden eine Strecke von bestimmter Länge (gleichsam als Bild) ausgewählt wird. Es sind alsdann die in der Zahlentabelle vorkommenden Größen in solche Strecken umzurechnen. Die erhaltenen x-Strecken trägt man nunmehr auf einer wagerechten Geraden (der x-Achse) von einem und demselben Punkt (dem Anfangspunkt) 0 (oder O) an und zwar nach derselben Richtung (rechts) hin ab und errichtet in den Endpunkten auf der x-Achse nach oben Lote gleich den betreffenden y-Strecken. Sind negative x oder y vorhanden, so wählt man hierfür die entgegengesetzten Richtungen (links bezw. unten). Verfolgt man nun die Lote von links nach rechts, so erkennt man, wie y sich bei wachsendem x ändert, d. h. ob es zu- oder abnimmt oder sich gleich bleibt, auch um wieviel es zu- oder abnimmt usw.

§ 5. Schaltet man noch mehr Zwischenwerte in die Zahlentabelle ein, so erhält man ebensoviel Zwischenlote, und man kann schließlich mit einiger Sicherheit die Endpunkte der Lote durch eine Linie verbinden, die nun die Änderung der y-Lote lückenlos darstellt und außerdem derart, daß sie mit einem Blick übersehen werden kann.

Auf diese Weise ist Figur 1 und 2 zu Beispiel 6a und 2a entstanden, wobei im ersten Falle 10° C durch $\frac{1}{2}$ cm, 10 mm Quecksilber durch 1 mm, im zweiten Fall die Einheit der x durch $\frac{1}{2}$ cm und die der y durch $\frac{1}{2}$ mm dargestellt worden sind.

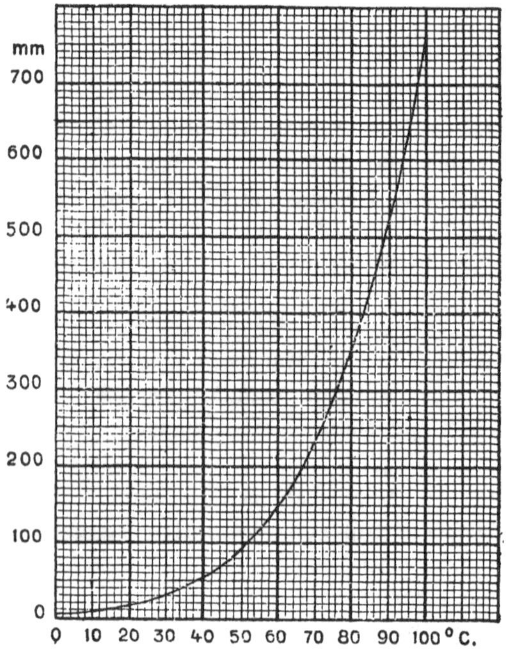

Fig. 1.

Die die Endpunkte der y verbindende Linie soll die y-Linie genannt werden; die im Anfangspunkt auf der x-Achse errichtete Senkrechte heißt die y-Achse, y und x selbst Koordinaten und zwar x die Abszisse und y die Ordinate, das Ganze ein Koordinatensystem.

Übung. Entwirf zu den aufgestellten Zahlentabellen die zugehörigen Kurven.

§ 6. 1) Die Betrachtung der auf solche Weise dargestellten Linien ergibt sofort:

Steigt die y-Linie (stets nach rechts hin betrachtet), so nimmt y bei wachsendem x zu; fällt sie, so nimmt es ab; bleibt sie längere oder kürzere Zeit wagerecht, so ändert y währenddessen seinen Wert nicht.

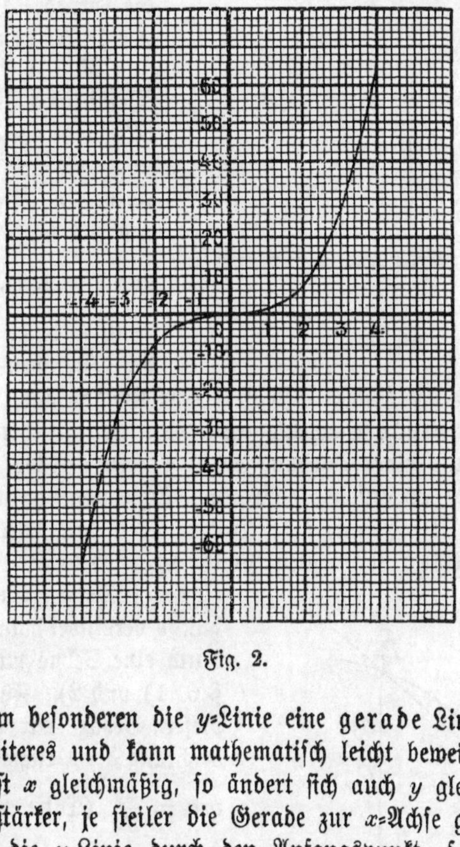

Fig. 2.

2) Ist im besonderen die y-Linie eine **gerade** Linie, so erkennt man ohne weiteres und kann mathematisch leicht beweisen:

a) Wächst x gleichmäßig, so ändert sich auch y gleichmäßig, und zwar um so stärker, je steiler die Gerade zur x-Achse geneigt ist.

b) Geht die y-Linie durch den Anfangspunkt, so nimmt y in demselben Verhältnis zu wie x.

c) Für den Winkel α, den die Gerade mit der positiven Richtung der x-Achse bildet, ist stets $\operatorname{tg}\alpha = \frac{\Delta y}{\Delta x}$, wenn Δy den Zuwachs der Ordinate bezeichnet, der dem Zuwachs der Abszisse, Δx, entspricht.

§ 7. Eine **Gerade** ist die y-Linie stets, wenn y eine Funktion **ersten Grades** von x ist.

Beweis. Die Funktion sei $y = ax + b$. Ist also $x = 0$, so ergibt sich $y = b$, und für $x = 1$ ist $y = a + b$. Durch die Endpunkte der beiden ermittelten y, A und C, legt man die Gerade AC und zieht $AF \parallel OB$; dann ist $tg\,\alpha = \frac{CF}{AF} = \frac{a}{1} = a$. Für ein beliebiges drittes x, $OD = c$, ist nun y oder $DE = ac + b$. Verlängert man AF bis G, so ist $EG = ac$ und $\operatorname{tg} EAG = \frac{ac}{c} = a = \operatorname{tg}\alpha$, d. h. E liegt auf der Geraden AC.

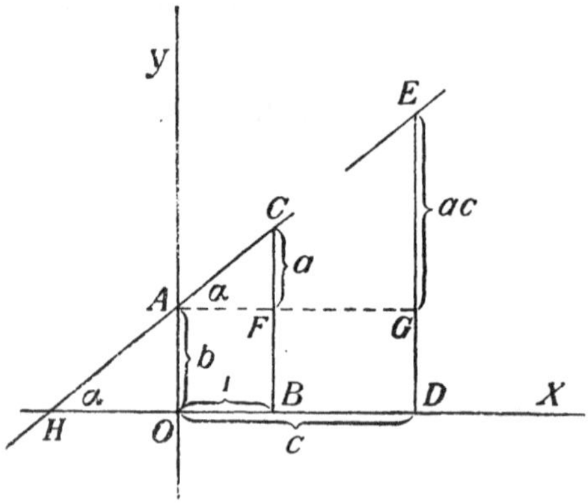

Fig. 3.

Die Gleichung $y = ax + b$ stellt also stets eine Gerade dar, und zwar ist a die trigonometrische Tangente ihres Winkels mit der x-Achse (gemessen im Sinne einer Drehung der positiven x-Achse zur positiven y-Achse) und b das auf der positiven y-Achse abgeschnittene Stück.

§ 8. Ist die y-Linie eine krumme Linie und will man wissen, wie sich y in einem bestimmten Punkt der Kurve gegen den Wert in einem früheren Punkt geändert hat, so verbindet man beide Punkte durch eine Sehne und urteilt nach § 6, 1) und 2). Für den Winkel dieser Sehne mit der positiven Richtung der x-Achse ist auch hier

$tg\,\alpha = \frac{\Delta y}{\Delta x}$ (Differenzenquotient),

wenn man unter Δy und Δx wiederum den Zuwachs der Ordinate und der Abszisse versteht.

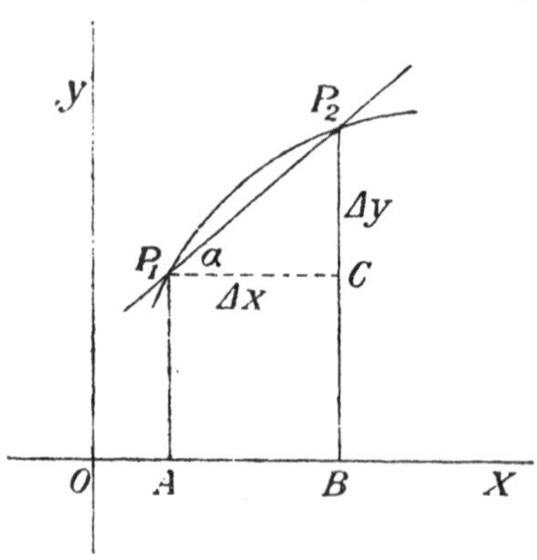

Fig. 4.

Dieses Urteil sagt aber nichts aus über die Veränderung, die y zwischen den beiden ausgewählten Punkten erfahren hat. Soll also die Änderung von y lückenlos verfolgt werden, so müssen die beiden betrachteten Punkte immer näher aneinander gerückt werden, bis sie unmittelbar zusammen liegen, wobei dann aus der Sehne die Tangente wird. Δy und Δx werden in diesem Falle unendlich klein*) und mit dy und dx bezeichnet; für die Tangente gilt alsdann die Gleichung $\operatorname{tg} \alpha = \frac{dy}{dx}$ (Differentialquotient), worin der Quotient $\frac{dy}{dx}$ noch näher bestimmt werden muß, da er der Zahlentabelle nicht entnommen werden kann. Diese Bestimmung ist bei solchen Kurven, die aus mathematischen Gleichungen hervorgegangen sind, auf arithmetischem Wege möglich und soll weiter unten ausgeführt werden.

Es ist aber nicht zu vergessen, daß α zeichnerisch durch Anlegung der Tangente und nachfolgende Messung (oder Schätzung) näher bestimmt werden kann.

§ 9. Das Verhalten einer Kurve in unmittelbarer Nähe eines ihrer Punkte ist daher nach der Lage der Tangente in diesem Punkte zu beurteilen und das Gesamtverhalten einer durch eine Kurve dargestellten Funktion nach dem Verhalten der an ihr gleitend gedachten Tangente.

Aus einer solchen Betrachtung der in den Figuren 5 a—k dargestellten y-Linien und ihrer Tangenten erhellen nachstehende Ergebnisse:

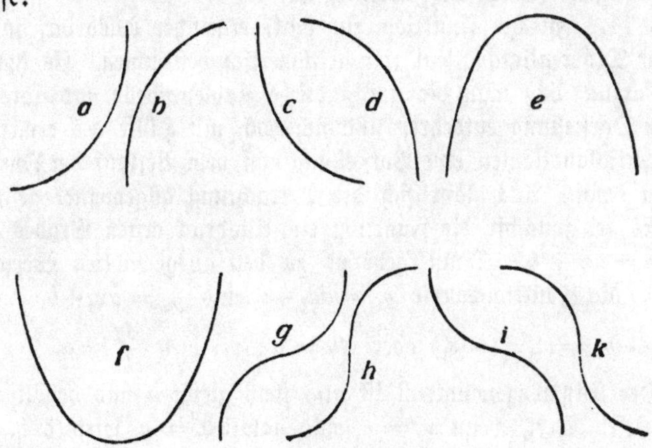

Fig. 5.

*) Es wird wenigstens im folgenden stets vorausgesetzt, daß mit Δx auch Δy unendlich klein wird, d. h. daß die Funktion — wenigstens in unmittelbarer Nähe des betrachteten Punktes — stetig ist.

Bei a wächst y zunächst weniger stark, zuletzt aber stärker;
„ b „ „ „ stärker „ „ weniger stark;
„ c nimmt „ „ „ ab, „ „ „ ;
„ d „ „ „ weniger stark, „ „ stärker ab.

e setzt sich aus b und d zusammen, dazwischen erreicht y ein Maximum da, wo die Tangente wagerecht liegt oder $\alpha = 0$ ist; f setzt sich entsprechend aus c und a zusammen und weist für y ein Minimum auf. g besteht aus b und a, h aus a und b, i aus c und d, k aus d und c; bei g—k tritt ein Wendepunkt da auf, wo die Tangente beim Gleiten aus der Drehung nach der einen Richtung in die entgegengesetzte übergeht, wo die Kurve also auf verschiedenen Seiten der Tangente liegt.

Bemerkung: Andere Kurven können aus a und c, d und b, a und d, b und c, c und b, d und a zusammengesetzt werden. Noch andere Formen entstehen, wenn in den Fällen e—k die Tangenten in den zusammenstoßenden Endpunkten nicht zusammenfallen. Alle diese Formen sollen aber von der Betrachtung ausgeschlossen bleiben, da sich in dem Grenzpunkte die Lage der Tangente (beim Gleiten) sprungweise ändert.

§ 10. Diese Ergebnisse lassen sich in die folgenden Regeln zusammenfassen: (Siehe die Übersicht auf S. 9.)

§ 11. Ist die Funktion ein mathematischer Ausdruck, so läßt sich der Differentialquotient rein arithmetisch bestimmen. Es hat dies den Vorzug, daß man die umständliche Zahlentabelle und ihre graphische Darstellung entbehren und sich doch mit Hülfe des ermittelten Differentialquotienten eine Vorstellung von dem Verlauf der Funktion machen kann. Auch läßt sich die Betrachtung allgemeiner gestalten.

Es sei zunächst die Funktion ein Ausdruck ersten Grades in x, also $y = ax + b$. Dann gehören zu den ausgewählten Werten x_1 und x_2 die Funktionswerte $y_1 = ax_1 + b$ und $y_2 = ax_2 + b$, und es ist $y_2 - y_1 = a(x_2 - x_1)$ oder $\Delta y = a \, . \, \Delta x$, d. h. $\frac{\Delta y}{\Delta x} = a$.

Der Differenzenquotient ist also stets gleich a und behält daher auch diesen Wert, wenn $x_2 = x_1$ und damit $y_2 = y_1$ wird (d. h. wenn die beiden Punkte der y-Linie zusammenrücken). Daher ist $\frac{dy}{dx} = a$ oder $\frac{d(ax + b)}{dx} = a$.

Vordersatz		Nachsatz	
Geometrisch	Arithmetisch	Geometrisch	Arithmetisch
a) Ist die Tangente aufwärts gerichtet*) (ihr Neigungswinkel**) spitz),	Ist $\operatorname{tg} \alpha = \frac{dy}{dx}$ positiv,	so steigt die Kurve (und zwar um so stärker, je steiler die Tangente),	so nimmt y mit wachsendem x zu (und zwar um so stärker, je größer $\operatorname{tg} \alpha = \frac{dy}{dx}$).
b) Ist die Tangente abwärts gerichtet*) (ihr Neigungswinkel**) stumpf),	Ist $\operatorname{tg} \alpha = \frac{dy}{dx}$ negativ,	so fällt die Kurve (und zwar um so stärker, je steiler die Tangente),	so nimmt y mit wachsendem x ab (und zwar um so stärker, je größer, absolut genommen, $\operatorname{tg} \alpha = \frac{dy}{dx}$).
c) Ist die Tangente wagerecht gerichtet*) (ihr Neigungswinkel**) gleich Null),	Ist $\operatorname{tg} \alpha = \frac{dy}{dx} = 0$,	so geht die Kurve an diesem Punkt entweder a) vom Steigen zum Fallen oder b) vom Fallen zum Steigen über oder sie hat c) einen Wendepunkt im Steigen oder im Fallen,	so hat y a) ein Maximum oder b) ein Minimum oder c) y geht beim Zu- oder Abnehmen durch einen Ruhepunkt hindurch.

*) Stets von links nach rechts betrachtet.

**) Mit der positiven Richtung der x-Achse im Sinne einer Drehung von der positiven x-Achse zur positiven y-Achse.

Da der Differentialquotient konstant ist, so folgt dasselbe für den Neigungswinkel der Tangente; die y-Linie ist also eine unter einem Winkel α zur x-Achse geneigte Gerade, für die $\operatorname{tg}\alpha = a$ ist (vergl. § 7).

§ 12. **Ermittelung des Differentialquotienten eines Ausdrucks zweiten Grades.**

$y = ax^2 + bx + c$; $y_1 = ax_1^2 + bx_1 + c$, $y_2 = ax_2^2 + bx_2 + c$; $y_2 - y_1 = a(x_2^2 - x_1^2) + b(x_2 - x_1)$;

$$\frac{\Delta y}{\Delta x} = \frac{y_2 - y_1}{x_2 - x_1} = a(x_2 + x_1) + b. \quad \text{Daher}$$

$$\frac{dy}{dx} = 2ax + b \quad \text{oder} \quad \frac{d(ax^2 + bx + c)}{dx} = 2ax + b.$$

Untersuchung des Ergebnisses. Der Differentialquotient wird gleich 0, wenn $2ax + b = 0$, also $x = -\frac{b}{2a}$ ist. Für diesen Wert von x hat die Kurve mithin eine wagerechte Tangente, also ein Maximum, Minimum oder einen Wendepunkt. Welcher dieser Fälle vorliegt, muß noch entschieden werden. Nun ist aber $\frac{dy}{dx}$, wofür die kurze Bezeichnung y' üblich ist, ebenso wie y selbst eine Funktion von x, da $y' = 2ax + b$ ist. Diese Funktion können wir uns zugleich mit $y = ax^2 + bx + c$ graphisch dargestellt denken und erhalten (§ 7) eine Gerade, für deren Neigungswinkel $\operatorname{tg}\beta = 2a$ ist und die auf der y-Achse das Stück b, auf der x-Achse aber $-\frac{b}{2a}$ abschneidet. Ist a positiv, so steigt die Gerade; für den Bereich $-\infty < x < -\frac{b}{2a}$ ist y', also $\operatorname{tg}\alpha$, negativ, die Kurve fällt (und zwar so, daß die Tangente einen immer stumpferen Winkel mit der x-Achse bildet); für den Bereich $-\frac{b}{2a} < x < +\infty$ ist y' ($\operatorname{tg}\alpha$) positiv, die Kurve steigt (und zwar immer steiler). Für $x = -\frac{b}{2a}$ geht y' vom Negativen zum Positiven, die Kurve vom Fallen zum Steigen über; der Punkt stellt daher ein Minimum dar, und die Kurve hat etwa die Gestalt der Figur f in § 9.

Ist a dagegen negativ, so fällt die y'-Linie aus dem Positiven ins Negative; die y-Linie steigt zuerst, erreicht für $x = -\frac{b}{2a}$ ein Maximum und fällt alsdann (Figur e in § 9). In beiden Fällen ist, wie eine anderweitige Untersuchung lehrt, die y-Linie eine **Parabel**, deren Achse der y-Achse parallel ist oder, wenn $b = 0$, mit ihr zusammenfällt.

§ 13. **Übungen.** 1. Stelle die nachstehenden Funktionen a) $y = \frac{2}{3}x^2 - 4x + 5$; b) $y = x^2 - 7$; c) $y = -\frac{1}{4}x^2 + 2x - 3$; d) $y = -\frac{4}{5}x^2 - x$ nebst ihren Differentialquotienten graphisch dar und untersuche den Zusammenhang zwischen den beiden Linien. Wovon hängt es insbesondere ab, ob die Parabel α) nach oben oder nach unten geöffnet ist, β) die x-Achse schneidet, berührt oder überhaupt nicht trifft (Höhenlage), γ) ihren Scheitelpunkt links oder rechts von der y-Achse hat (Seitenlage)? Bestimme auch mit Hülfe der Zeichnung annäherungsweise die Wurzeln der Gleichungen, die aus a—d hervorgehen, wenn man $y = 0$ setzt.

2. a) Die Wurzeln der Gleichung $x^2 + \frac{5}{6}x - 1 = 0$ in der Weise zu bestimmen, daß man die Abszissen der Punkte aufsucht, in denen sich die Linien $y = x^2$ und $y = -\frac{5}{6}x + 1$ schneiden.

b) Desgleichen für $x^2 + 1{,}8x + 0{,}72 = 0$.

c) Wie kann man entsprechend die Wurzeln der Gleichung $x^2 + px + q = 0$ bestimmen, und wie erklärt es sich, daß die Abszisse des Scheitels der Parabel $y = x^2 + px + q$ das arithmetische Mittel zu den beiden Wurzelwerten ist?

d) Wie kann man aus der gegenseitigen Lage der Linien $y = x^2$ und $y = -px - q$ eine Übersicht über alle Fälle gewinnen, die hinsichtlich der Wurzeln der Gleichung $x^2 + px + q = 0$ möglich sind?

3. Die Gleichungen a) $y' = 2x + 3$; b) $y' = 2x - 3$; c) $y' = -2x + 3$; d) $y' = -2x - 3$ mögen die Differentialquotienten unbekannter Funktionen darstellen. α) Was läßt sich hieraus über den Verlauf der Funktionen, bezw. der sie darstellenden Linien schließen? β) Weshalb können die Gleichungen a—d über das absolute Glied der Funktionen keinen Aufschluß geben? γ) Welchen Einfluß hat das absolute Glied auf die Höhenlage der Kurve?

4. Die Gleichungen a) $y' = -\frac{1}{2}x + 1$, b) $y' = 4x - 4$; c) $y' = x + 1$; d) $y' = -\frac{3}{2}x - 2$ mögen den Differentialquotienten je einer Funktion darstellen. Welches ist diese Funktion und wie groß ist insbesondere ihr absolutes Glied, wenn α) die Funktionskurve durch den Anfangspunkt geht, β) ihr höchster oder tiefster Punkt auf der x-Achse, γ) 3 Längeneinheiten über der x-Achse liegt, δ) die Kurve die y-Achse 4 Längeneinheiten über dem Anfangspunkt, ε) die x-Achse $2\frac{1}{2}$ Längeneinheiten links vom Anfangspunkt schneidet?

5. Zerlege die Parabeln $y = ax^2 + bx + c$ auf Grund des Differentialquotienten in zwei Gruppen, je nachdem sie nach oben oder nach unten geöffnet sind, und jede Gruppe wieder in drei Arten, je nachdem die Parabeln die x-Achse schneiden, berühren oder gar nicht treffen. Was für Wurzeln hat die Gleichung $ax^2 + bx + c = 0$ in den einzelnen Fällen?

6. Es soll nachgewiesen werden, daß die Bedingung, wonach die Ordinate des Scheitels der Parabel $y = x^2 + px + q$ negativ, positiv oder 0 ist, zusammenfällt mit der Bedingung, nach der die Gleichung $x^2 + px + q = 0$ zwei verschiedene reelle, zwei komplexe oder zwei zusammenfallende reelle Wurzeln hat.

7. Wo bildet an den Kurven 1 $a - d$ die Tangente mit der x-Achse einen Winkel von α) 45°; β) 60°; γ) 30°; δ) 120°; ε) 135°?

§ 14. Ermittelung des Differentialquotienten eines Ausdrucks dritten Grades.

$y = ax^3 + bx^2 + cx + d;$

$y_2 - y_1 = a(x_2^3 - x_1^3) + b(x_2^2 - x_1^2) + c(x_2 - x_1)$

$$\frac{\Delta y}{\Delta x} = \frac{y_2 - y_1}{x_2 - x_1} = a(x_2^2 + x_2 x_1 + x_1^2) + b(x_2 + x_1) + c;$$

$$\frac{dy}{dx} = \frac{d(ax^3 + bx^2 + cx + d)}{dx} = 3ax^2 + 2bx + c.$$

Untersuchung des Ergebnisses. Der Differentialquotient wird 0, wenn $3ax^2 + 2bx + c = 0$ ist oder für

$$x_1 = \frac{-b + \sqrt{b^2 - 3ac}}{3a} \text{ und } x_2 = \frac{-b - \sqrt{b^2 - 3ac}}{3a}.$$

Für diese beiden Werte von x, falls sie reell sind, d. h. falls $b^2 \geqq 3ac$ ist, besitzt die y-Linie ein Maximum, Minimum oder einen Wendepunkt (mit wagerechter Tangente). Denken wir uns die y'-Linie wieder gezeichnet ($y' = 3ax^2 + 2bx + c$), so ist dies nach § 12 eine Parabel, die

a) für $b^2 < 3ac$ die x-Achse gar nicht trifft, also entweder ganz über oder ganz unter ihr liegt,

b) für $b^2 = 3ac$ die x-Achse in einem Punkte (von oben oder unten) berührt oder

c) für $b^2 > 3ac$ die x-Achse in zwei Punkten durchsetzt.

Bei weiterer Überlegung zeigt sich, daß die y-Linie im Falle c ein Maximum und ein Minimum, im Falle b einen Wendepunkt mit wagerechter Tangente (im Steigen oder Fallen), im Falle a aber keins von beiden besitzt (wohl aber einen Wendepunkt mit schiefer Tangente). Diese Überlegung ist unter Berücksichtigung der Figuren e und f in § 9 anzustellen und zu weiteren Schlüssen über den Verlauf der y-Linie zu benutzen.

§ 15. Übungen. 1. Die Kurve $y = x^3 - 1\frac{1}{2}x^2 - 4\frac{1}{2}x + 5$ soll mit den Linien des ersten und zweiten Differentialquotienten (der zweite ergibt sich durch nochmalige Differentiation des ersten) gezeichnet und die gegenseitigen Beziehungen untersucht werden.

2. Desgleichen für $y = -\frac{1}{4}x^3 + 3\frac{1}{4}x + 1$.

3. Die Gleichung $y' = 3x^2 - \frac{13}{4}$ stelle den Differentialquotienten einer Funktion dritten Grades dar. Es soll a) die Kurve gezeichnet und zu Schlüssen auf den Verlauf der Funktionskurve benutzt werden, b) die Funktion selbst bestimmt werden, wenn man weiß, daß ihre Kurve auf der positiven Seite der x-Achse ein Stück von 2 Längeneinheiten abschneidet.

4. Es soll eine Übersicht über die 6 Hauptformen der Kurven dritten Grades $y = ax^3 + bx^2 + cx + d$ gewonnen werden, indem man den Differentialquotienten dieser Funktion bildet und die möglichen Kurvenformen desselben (vgl. § 13, A. 5) zu Schlüssen auf die Form der zugehörigen Kurve dritten Grades benutzt. Die 6 Hauptformen sind in ihrer ungefähren Gestalt zu entwerfen und daraus Schlüsse auf die Zahl und Art der Wurzeln einer kubischen Gleichung zu ziehen. Durch welche arithmetischen Bedingungen unterscheiden sich die einzelnen Fälle (abzuleiten aus der Gleichung des Differentialquotienten).

5) Es soll nachgewiesen werden, daß in dem Fall, wo die Kurve $y = ax^3 + bx^2 + cx + d$ die x-Achse in einem Wendepunkt mit wagerechter Tangente berührt, in dem Wendepunkt drei gleiche Wurzelwerte der Gleichung $ax^3 + bx^2 + cx + d = 0$ zusammenfallen, so daß man die Wendetangente als eine Gerade auffassen kann, die mit der Kurve drei zusammenfallende Punkte gemeinsam hat.

6. Die Wurzelwerte der Gleichung $x^3 + px + q = 0$ können gefunden werden, indem man die Schnittpunkte der Linien $y = x^3$ und $y = -px - q$ bestimmt. Die Kurve $y = x^3$ ist zu zeichnen und dann unter Berücksichtigung der möglichen Lagen der Geraden $y = -px - q$ festzustellen, was für Wurzelwerte in den einzelnen Fällen vorliegen können. Es ist ferner festzustellen, daß eine Doppelwurzel dann vorliegt, wenn Gerade und Kurve sich berühren, also für den Berührungspunkt denselben Differentialquotienten besitzen. Hieraus ist der Wert dieser Doppelwurzel zu ermitteln und damit zugleich die durch p und q ausgedrückte Bedingung, daß ein solcher Fall vorliegt.

7. In welchen Punkten haben die Kurven der A. 1 und 2 a) eine wagerechte Tangente, b) eine unter 45° zur x-Achse geneigte Tangente, c) eine Wendetangente (d. h. die y'-Linie ein Maximum oder Minimum)? (Zur Lösung von a und b ist die Kenntnis der Lösung einer kubischen Gleichung erforderlich).

8. Die Gleichungen in A. 1 und 2 mögen (y' statt y) die Differentialquotienten von Funktionen vierten Grades darstellen und sind zu Schlüssen auf den Verlauf dieser Kurven zu benutzen.

§ 16. Die Ermittelung des Differentialquotienten von Ausdrücken höheren Grades kann in derselben Weise vorgenommen und zu Schlüssen über den Verlauf der Kurven benutzt werden. Aus dem bisherigen scheinen aber schon die folgenden allgemeinen Gesetze hervorzugehen:

a) Für den Differentialquotienten eines Ausdrucks ist ein konstanter Summand (das „absolute Glied") bedeutungslos.

b) Der Differentialquotient einer Summe ist gleich der Summe der Differentialquotienten ihrer Summanden.

c) Der Differentialquotient eines Produkts, das einen konstanten Faktor enthält, ist gleich dem Produkt aus diesem Faktor und dem Differentialquotienten des Restausdrucks.

Beweise. Hierfür werde die betreffende Funktion von x allgemein mit $f(x)$, $\varphi(x)$ oder $\psi(x)$, deren Differentialquotienten mit $f'(x)$, $\varphi'(x)$, $\psi'(x)$ bezeichnet.

a) $y = f(x) + c$; $y_1 = f(x_1) + c$; $y_2 = f(x_2) + c$; $\frac{\Delta y}{\Delta x} = \frac{y_2 - y_1}{x_2 - x_1}$ $= \frac{f(x_2) - f(x_1)}{x_2 - x_1}$; das konstante Glied c fällt also schon bei der Bildung des Differenzenquotienten heraus. Es ist mithin

$$(1) \quad \frac{d(f(x)+c)}{dx} = \frac{df(x)}{dx}.$$

b) $y = f(x) + \varphi(x)$; $y_1 = f(x_1) + \varphi(x_1)$; $y_2 = f(x_2) + \varphi(x_2)$;

$$\frac{\Delta y}{\Delta x} = \frac{y_2 - y_1}{x_2 - x_1} = \frac{f(x_2) + \varphi(x_2) - f(x_1) - \varphi(x_1)}{x_2 - x_1}$$
$$= \frac{f(x_2) - f(x_1)}{x_2 - x_1} + \frac{\varphi(x_2) - \varphi(x_1)}{x_2 - x_1};$$

also $\frac{dy}{dx} = f'(x) + \varphi'(x)$. Es ist mithin

$$(2) \quad \frac{d(f(x) + \varphi(x))}{dx} = \frac{df(x)}{dx} + \frac{d\varphi(x)}{dx}.$$

c) $y = c \,.\, f(x)$; $y_1 = cf(x_1)$; $y_2 = cf(x_2)$;

$$\frac{\Delta y}{\Delta x} = \frac{y_2 - y_1}{x_2 - x_1} = \frac{c(f(x_2) - f(x_1))}{x_2 - x_1} = c \cdot \frac{f(x_2) - f(x_1)}{x_2 - x_1};$$

also $\frac{dy}{dx} = c \,.\, f'(x)$. Es ist mithin

$$(3) \quad \frac{d(c \cdot f(x))}{dx} = c \cdot \frac{df(x)}{dx}.$$

§ 17. Für die Ermittelung des Differentialquotienten irgend einer ganzen rationalen Funktion von x, d. h. eines Ausdrucks, in dem x nur in den drei ersten Grundrechnungsarten vorkommt,

$$y = ax^n + bx^{n-1} + cx^{n-2} + \cdots + px^2 + qx + r$$

genügt daher die Kenntnis der einzigen Formel:

$$\frac{d(x^n)}{dx} = n \cdot x^{n-1}.$$

Beweis dieser Formel. $y = x^n$; $y_1 = x_1{}^n$; $y_2 = x_2^n$;

$$\frac{\Delta y}{\Delta x} = \frac{x_2^n - x_1^n}{x_2 - x_1} = x_2^{n-1} + x_2^{n-2}x_1 + x_2^{n-3}x_1^2 + \cdots + x_2 x_1^{n-2} + x_1^{n-1},$$

daher $\frac{dy}{dx} = n \cdot x^{n-1}$. Der Beweis ist allgemein gültig, da n nach der Annahme nicht negativ oder gebrochen sein kann.

§ 18. Es erscheint noch zweifelhaft, ob die Formel des § 17 auch für negative und gebrochene n Gültigkeit behält.

Nun ist, wenn $y = x^{-n}$, $y_1 = x_1^{-n}$, $y_2 = x_2^{-n}$,

$$\frac{\Delta y}{\Delta x} = \frac{x_2^{-n} - x_1^{-n}}{x_2 - x_1} = \frac{\frac{1}{x_2{}^n} - \frac{1}{x_1{}^n}}{x_2 - x_1} = -\frac{1}{x_2^n \cdot x_1^n} \cdot \frac{x_2^n - x_1^n}{x_2 - x_1},$$

$$\text{also } \frac{dy}{dx} = -\frac{1}{x^{2n}} \cdot nx^{n-1} = -n \cdot x^{-n-1} = (-n) \cdot x^{(-n)-1}.$$

Ferner ist, wenn $y = x^{\frac{m}{n}}$, $y_1 = x_1{}^{\frac{m}{n}}$, $y_2 = x_2{}^{\frac{m}{n}}$,

$$\frac{\Delta y}{\Delta x} = \frac{x_2{}^{\frac{m}{n}} - x_1{}^{\frac{m}{n}}}{x_2 - x_1} = \frac{\left(x_2{}^{\frac{1}{n}}\right)^m - \left(x_1{}^{\frac{1}{n}}\right)^m}{x_2{}^{\frac{1}{n}} - x_1{}^{\frac{1}{n}}} \cdot \frac{x_2{}^{\frac{1}{n}} - x_1{}^{\frac{1}{n}}}{\left(x_2{}^{\frac{1}{n}}\right)^n - \left(x_1{}^{\frac{1}{n}}\right)^n}.$$

$$\frac{dy}{dx} = m \cdot \left(x^{\frac{1}{n}}\right)^{m-1} \cdot \frac{1}{n\left(x^{\frac{1}{n}}\right)^{n-1}} = \frac{m}{n}\, x^{\frac{m}{n} - 1}.$$

Demnach gilt die Formel

$$(4) \quad \frac{d(x^n)}{dx} = nx^{n-1}$$

für jedes ganze oder gebrochene, positive oder negative n.

§ 19. Übungen (zu §§ 16—18). Von den nachstehenden Funktionen die Differentialquotienten zu bilden:

1) $y=3x^4$

2) $y=2x^3+5x^2+9$

3) $y=\frac{1}{2}x^4-\frac{2}{3}x^2+\frac{3}{4}x$

4) $y=\sqrt[3]{x}$

5) $y=\sqrt[5]{x^3}$

6) $y=\frac{1}{x}$

7) $y=\frac{3}{x^5}$

8) $y=2x^{-\frac{1}{3}}-\frac{3}{4}x^{-2}$

9) $y=\frac{2x^3-5x-7}{3x^2}$

10) $y=(4x-3)(2x-\frac{1}{2})$.

§ 20. Der Differentialquotient des Produktes zweier ganzen rationalen Funktionen.

Es sei $y=f(x)\,\varphi(x)$; dann ist

$$\frac{\Delta y}{\Delta x}=\frac{y_2-y_1}{x_2-x_1}=\frac{f(x_2)\,\varphi(x_2)-f(x_1)\,\varphi(x_1)}{x_2-x_1}$$

$$=\frac{f(x_2)\,\varphi(x_2)-f(x_1)\,\varphi(x_1)-f(x_1)\,\varphi(x_2)+f(x_1)\,\varphi(x_2)}{x_2-x_1}$$

$$=\varphi(x_2)\cdot\frac{f(x_2)-f(x_1)}{x_2-x_1}+f(x_1)\cdot\frac{\varphi(x_2)-\varphi(x_1)}{x_2-x_1}.$$ Daher

$$\text{(5)}\qquad \frac{d[f(x)\,.\,\varphi(x)]}{dx}=\varphi(x)\frac{df(x)}{dx}+f(x)\frac{d\varphi(x)}{dx}.$$

§ 21. Der Differentialquotient des Quotienten zweier ganzen rationalen Funktionen.

Es sei $y=\frac{f(x)}{\varphi(x)}$; dann ist für alle Werte von x, für die $\varphi(x)$ nicht gleich Null wird,

$$\frac{\Delta y}{\Delta x}=\frac{\frac{f(x_2)}{\varphi(x_2)}-\frac{f(x_1)}{\varphi(x_1)}}{x_2-x_1}=\frac{1}{\varphi(x_2)\,\varphi(x_1)}\cdot\frac{f(x_2)\cdot\varphi(x_1)-f(x_1)\,\varphi(x_2)}{x_2-x_1}$$

$$=\frac{1}{\varphi(x_2)\,\varphi(x_1)}\cdot\frac{f(x_2)\,\varphi(x_1)-f(x_1)\,\varphi(x_2)-f(x_1)\,\varphi(x_1)+f(x_1)\,\varphi(x_1)}{x_2-x_1}$$

$$=\frac{1}{\varphi(x_2)\,\varphi(x_1)}\cdot\left(\varphi(x_1)\cdot\frac{f(x_2)-f(x_1)}{x_2-x_1}-f(x_1)\cdot\frac{\varphi(x_2)-\varphi(x_1)}{x_2-x_1}\right).$$

Demnach

$$\text{(6)}\qquad \frac{d\left(\frac{f(x)}{\varphi(x)}\right)}{dx}=\frac{1}{[\varphi(x)]^2}\cdot\left(\varphi(x)\frac{df(x)}{dx}-f(x)\cdot\frac{d\varphi(x)}{dx}\right).$$

§ 22. Mit Hülfe der abgeleiteten Formeln läßt sich der Differentialquotient einer jeden **algebraischen Funktion** von x (d. h. eines jeden Ausdrucks, der nur durch Anwendung der vier Grundrechnungsarten, des Potenzierens und Radizierens entsteht) bestimmen mit Ausnahme des Falles, wo die Basis einer Potenz oder der Radikand einer Wurzel nicht x, sondern selbst eine Funktion von x ist, wie z. B. in

$$y = (ax + b)^n \text{ oder } y = \sqrt[n]{ax^2 + bx + c}.$$

Führt man hier aber eine neue Veränderliche ein, nämlich $ax + b = u$ im ersten Falle, so ist $y = u^n$ und $u = ax + b$, daher

$$\frac{dy}{du} = nu^{n-1} \text{ und } \frac{du}{dx} = a, \text{ also } \frac{dy}{dx} = \frac{dy}{du} \cdot \frac{du}{dx} = n\ (ax + b)^{n-1} \cdot a.$$

Allgemein sei $y = f(\varphi(x))$; setzen wir nun $\varphi(x) = u$, so ist $y = f(u)$ und

$$\frac{dy}{du} = \frac{df(u)}{du},\ \frac{du}{dx} = \frac{d\varphi(x)}{dx}, \text{ daher}$$

$$(7)\quad \frac{df(u)}{dx} = \frac{df(u)}{du} \cdot \frac{du}{dx}.$$

§ 23. **Ermittelung des Differentialquotienten unentwickelter Funktionen.**

In vielen Fällen ist die Funktion, deren Differentialquotient zu ermitteln ist, nicht „entwickelt" in der Form $y = f(x)$ gegeben, so wenn die Gleichung

$$ax^2 + by^2 = c$$

vorliegt. Nach der bisherigen Art wäre dann der Differentialquotient folgendermaßen zu bestimmen:

$$y^2 = \frac{-ax^2 + c}{b};\ y = \pm\sqrt{\frac{-ax^2 + c}{b}} = \pm\left(\frac{-ax^2 + c}{b}\right)^{\frac{1}{2}}$$

$$\frac{dy}{dx} = \pm\tfrac{1}{2}\left(\frac{-ax^2 + c}{b}\right)^{-\frac{1}{2}} \cdot \frac{-2ax}{b} = \frac{1}{2y} \cdot \frac{-2ax}{b} = -\frac{ax}{by}.$$

Um dieses etwas umständliche Verfahren zu vermeiden, betrachtet man $ax^2 + by^2$ als eine Funktion von x, was ax^2 ja ohne weiteres, by^2 aber mittelbar ist, da by^2 zunächst eine Funktion von y, y aber wieder eine (noch nicht entwickelte) Funktion von x ist. Nun ist $\frac{d(ax^2)}{dx} = 2ax$ und $\frac{d(by^2)}{dx} = \frac{d(by^2)}{dy} \cdot \frac{dy}{dx} = 2by\,\frac{dy}{dx}$. Da aber

$ax^2 + by^2 = c$, so ist $\frac{d(ax^2 + by^2)}{dx} = 0$ oder $2ax + 2by\frac{dy}{dx} = 0$, mithin $\frac{dy}{dx} = -\frac{ax}{by}$.

§ 24. **Übungen** (zu §§ 20—23). Die Differentialquotienten nachstehender Funktionen zu bilden:

1) $y = (\frac{2}{3}x - 5)(\frac{3}{4}x - 6)$; 2) $y = (3x - 2)^2$;

3) $y = \frac{3x - 4}{2x - 7}$; 4) $y = \frac{(2x + 1)^2}{2x - 3}$;

5) $y = \frac{1 + x^2}{1 - x^2}$; 6) $y = \frac{3 - x}{4x^2 - 5}$;

7) $y = \frac{12x^2 - 1}{2x + 5}$; 8) $y = \sqrt[3]{5x^2 - 4}$;

9) $y = (\frac{2}{3}x - 4)^{-\frac{3}{4}}$ 10) $y = \sqrt[3]{(8x - 5)^2}$;

11) $y = (4 - 9x)^{-\frac{3}{2}}$; 12) $3x^2 + 4y^2 = 13$;

13) $5x(\frac{2}{3}x - 3y) = 2$; 14) $6xy - 5y^2 = 3x$.

§ 25. Differentialquotienten von $\sin x$ und $\cos x$.

Vorbemerkung. Im folgenden soll x das **Bogenmaß** des betreffenden Winkels bedeuten, d. h. die Länge des zu dem Winkel gehörigen Bogens in einem Kreise, dessen Halbmesser der Längeneinheit gleich ist.

a) $y = \sin x$; $\frac{\Delta y}{\Delta x} = \frac{\sin x_2 - \sin x_1}{x_2 - x_1} = \frac{2\cos\frac{x_2 + x_1}{2} \cdot \sin\frac{x_2 - x_1}{2}}{x_2 - x_1}$

$= \cos\frac{x_2 + x_1}{2} \cdot \frac{\sin\frac{x_2 - x_1}{2}}{\frac{x_2 - x_1}{2}}$. Nähert sich nun x_2 dem Werte x_1, so nähert sich $\frac{\sin\frac{x_2 - x_1}{2}}{\frac{x_2 - x_1}{1}}$ dem Werte 1.

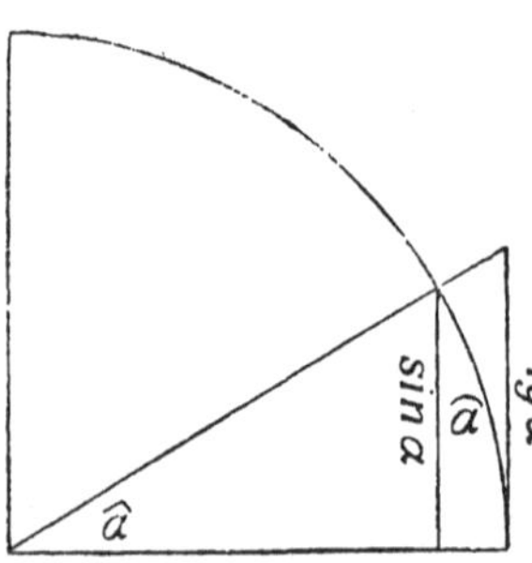

Fig. 6.

Denn es ist (Fig. 6) $\operatorname{tg}\widehat{\alpha} > \widehat{\alpha} > \sin\widehat{\alpha}$ oder $\frac{\cos\widehat{\alpha}}{\sin\widehat{\alpha}} < \frac{1}{\widehat{\alpha}} < \frac{1}{\sin\widehat{\alpha}}$ oder $\cos\widehat{\alpha} < \frac{\sin\widehat{\alpha}}{\widehat{\alpha}} < 1$. Wird nun α gleich 0, so sind die beiderseitigen Grenzen 1.

Daher ist $\frac{dy}{dx} = \cos x$ oder

$$(8) \quad \frac{d \sin x}{dx} = \cos x.$$

b) $y = \cos x;\ \frac{\Delta y}{\Delta x} = \frac{\cos x_2 - \cos x_1}{x_2 - x_1} = \frac{-2 \sin \frac{x_2 + x_1}{2} \cdot \sin \frac{x_2 - x_1}{2}}{x_2 - x_1}$

$= -\sin \frac{x_2 + x_1}{2} \cdot \frac{\sin \frac{x_2 - x_1}{2}}{\frac{x_2 - x_1}{2}}$, also wie oben

$\frac{dy}{dx} = -\sin x$ oder

$$(9) \quad \frac{d \cos x}{dx} = -\sin x.$$

§ 26. Differentialquotienten von tg x und cot x.

a) $y = \operatorname{tg} x = \frac{\sin x}{\cos x};\ \frac{dy}{dx} = \frac{1}{\cos^2 x}\left(\cos x \frac{d \sin x}{dx} - \sin x \frac{d \cos x}{dx}\right)$

$= \frac{1}{\cos^2 x}(\cos^2 x + \sin^2 x) = \frac{1}{\cos^2 x}$. Demnach

$$(10) \quad \frac{d \operatorname{tg} x}{dx} = \frac{1}{\cos^2 x} = 1 + \operatorname{tg}^2 x.$$

b) $y = \cot x = \frac{\cos x}{\sin x};\ \frac{dy}{dx} = \frac{1}{\sin^2 x}\left(\sin x \frac{d \cos x}{dx} - \cos x \frac{d \sin x}{dx}\right)$

$= \frac{1}{\sin^2 x}(-\sin^2 x - \cos^2 x) = -\frac{1}{\sin^2 x}$

$$(11) \quad \frac{d \cot x}{dx} = -\frac{1}{\sin^2 x} = -(1 + \cot^2 x).$$

§ 27. Differentialquotienten der zyklometrischen Funktionen.

a) Ist $y = \arcsin x$ (d. h. y der Bogen, dessen Sinus den Wert x hat), so ist $x = \sin y$, also $\frac{dx}{dy} = \cos y$, daher $\frac{dy}{dx} = \frac{1}{\cos y}$.

$$(12) \quad \frac{d(\arcsin x)}{dx} = \frac{1}{\sqrt{1 - x^2}}.$$

b) Ist $y = \operatorname{arc}\cos x$, so ist $x = \cos y$, also $\frac{dx}{dy} = -\sin y$ oder $\frac{dy}{dx} = -\frac{1}{\sin y}$.

$$(13)\quad \frac{d(\operatorname{arc}\cos x)}{dx} = -\frac{1}{\sqrt{1-x^2}}.$$

c) Ebenso einfach folgt aus:

$$y = \operatorname{arc}\operatorname{tg} x,\quad x = \operatorname{tg} y,\quad \frac{dx}{dy} = 1 + \operatorname{tg}^2 y \text{ und}$$

$$(14)\quad \frac{d(\operatorname{arc}\operatorname{tg} x)}{dx} = \frac{1}{1+x^2}.$$

und

d) aus $y = \operatorname{arc}\cot x$, $x = \cot y$, $\frac{dx}{dy} = -(1 + \cot^2 y)$ oder

$$(15)\quad \frac{d(\operatorname{arc}\cot x)}{dx} = -\frac{1}{1+x^2}.$$

§ 28. Differentialquotient von $\log x$.

$$y = \log x;\quad \frac{\Delta y}{\Delta x} = \frac{\log x_2 - \log x_1}{x_2 - x_1} = \frac{\log \frac{x_2}{x_1}}{x_2 - x_1}.$$

Nun ist $x_2 - x_1 = \Delta x$, also $x_2 = x_1 + \Delta x$, demnach

$$\frac{\Delta y}{\Delta x} = \frac{\log\left(1 + \frac{\Delta x}{x_1}\right)}{\Delta x} = \log\left(1 + \frac{\Delta x}{x_1}\right)^{\frac{1}{\Delta x}}.\quad \text{Setzt man nun}$$

$$\frac{\Delta x}{x_1} = \frac{1}{n},\quad \text{so ist } \frac{1}{\Delta x} = \frac{n}{x_1},\quad \text{mithin}$$

$$\frac{\Delta y}{\Delta x} = \log\left(1 + \frac{1}{n}\right)^{\frac{n}{x_1}} = \frac{1}{x_1}\log\left(1 + \frac{1}{n}\right)^n.$$

Wird nun Δx bei festgehaltenem x_1 unendlich klein, so wird n unendlich groß und der Ausdruck $\left(1 + \frac{1}{n}\right)^n$ nähert sich, wie anderweitig zu beweisen, einer Zahl 2,718281828459 ⋯, die als die Basis des natürlichen Logarithmensystems bekannt ist und mit e bezeichnet wird. Es ist also

$$(16)\quad \frac{d\log x}{dx} = \frac{1}{x}\log e,$$

oder wenn der ursprüngliche Logarithmus schon ein natürlicher (l) von der Basis e ist,

$$(17)\quad \frac{d\,lx}{dx} = \frac{1}{x}.$$

§ 29. Differentialquotient der Exponentialfunktion.

$y = a^x$. Nimmt man von beiden Seiten den natürlichen Logarithmus, so ergibt sich $ly = x \cdot la$ oder, wenn man nach x differenziert $\frac{1}{y}\frac{dy}{dx} = la$, mithin $\frac{dy}{dx} = y \cdot la$ oder

$$(18)\quad \frac{da^x}{dx} = a^x \,.\, la.$$

Da $le = 1$ ist, so erhält man

$$(19)\quad \frac{de^x}{dx} = e^x.$$

§ 30. Differentialquotienten höherer Ordnung.

1) In § 14 war für die Funktion

$$y = ax^3 + bx^2 + cx + d$$

der Differentialquotient $\frac{dy}{dx}$ oder

$$y' = 3ax^2 + 2bx + c.$$

y' erscheint daher selbst als Funktion von x und läßt sich, wie schon bemerkt, durch eine Kurve darstellen. Ebenso wie bei der y-Linie läßt sich nun auch bei der y'-Linie nach dem Neigungswinkel β der Tangente in irgend einem Punkte fragen, und es ist

$\operatorname{tg}\beta = \frac{dy'}{dx} = 6ax + 2b$. Dieser Differentialquotient heißt Differentialquotient zweiter Ordnung und wird mit y'' bezeichnet. Ebendieselbe Frage für die y''-Linie liefert den Differentialquotienten dritter Ordnung

$y''' = \operatorname{tg}\gamma = \frac{dy''}{dx} = 6a$, womit die Reihe für das gewählte Beispiel abschließt.

2) In der nachstehenden Tabelle sind die leicht zu berechnenden vier ersten Differentialquotienten der hauptsächlichsten Funktionen zusammengestellt.

y	y'	y''	y'''	y''''
x^n	$n\,x^{n-1}$	$n\,(n-1)\,x^{n-2}$	$n\,(n-1)\,(n-2)\,x^{n-3}$	$n\,(n-1)\,(n-2)\,(n-3)\,x^{n-4}$
$\sin x$	$\cos x$	$-\sin x$	$-\cos x$	$\sin x$
$\cos x$	$-\sin x$	$-\cos x$	$\sin x$	$\cos x$
$l\,x$	$\frac{1}{x}$	$-\frac{1}{x^2}$	$\frac{1 \cdot 2}{x^3}$	$-\frac{1 \cdot 2 \cdot 3}{x^4}$
$\log x$	$\frac{1}{x} \log e$	$-\frac{1}{x^2} \log e$	$\frac{1 \cdot 2}{x^3} \log e$	$-\frac{1 \cdot 2 \cdot 3}{x^4} \log e$
e^x	e^x	e^x	e^x	e^x
a^x	$a^x\,la$	$a^x\,(la)^2$	$a^x\,(la)^3$	$a^x\,(la)^4$
$\operatorname{arc\,tg} x$	$\frac{1}{1+x^2}$	$\frac{-2\,x}{(1+x^2)^2}$	$\frac{6\,x^2-2}{(1+x^2)^3}$	$\frac{24\,x-24\,x^3}{(1+x^2)^4}$

§ 31. Übungen (zu §§ 25—30). 1) Höhere Differentialquotienten zu den bereits betrachteten Funktionen zu bilden.

2) Die drei ersten Differentialquotienten nachstehender Funktionen zu bilden

a) $y = \sin 2x$; b) $y = \cos\left(3x - \frac{\pi}{2}\right)$ c) $y = \frac{q}{\sin x}$;

d) $y = \frac{q}{\cos x}$; e) $y = \sin^2 x$; f) $y = \operatorname{tg} 3x$;

g) $y = \cot(\pi - x)$; h) $y = \operatorname{tg}^2 x$; i) $y = \cot^2 x$;

k) $y = \sin x \cos x$; l) $y = \cos^2 x - \sin^2 x$; m) $y = \sin^3 x - 2\sin x + 5$;

n) $y = \arcsin 2x$; o) $y = \operatorname{arc\,tg} 3x$; p) $y = \frac{\sin^2 x}{\cos 2x}$;

q) $y = \log(2x^3)$; r) $y = \frac{\log x}{\sin x}$; s) $y = l(x-4)$;

t) $y = e^{ix}$.

Zweiter Abschnitt.

Anwendungen der Differentialrechnung.

A. Maxima und Minima.

§ 32a. 1) Ist $\frac{dy}{dx}$ oder $y' = 0$ für ein bestimmtes x, so hat die y-Linie in dem betreffenden Punkt eine wagerechte Tangente und besitzt also dort ein Minimum (Form A), ein Maximum (Form B) oder einen Wendepunkt im Steigen (Form C) oder im Fallen (Form D). Aus dem Verschwinden des ersten Differentialquotienten allein läßt sich daher noch kein sicherer Schluß ziehen, es sei denn, daß durch anderweitige Untersuchung schon festgestellt ist, daß ein Maximum oder ein Minimum vorliegt. (Fig. 7 auf der folgenden Seite).

2) Im Falle A muß y' an dem betrachteten Punkt vom Negativen zum Positiven übergehen. Dies kann geschehen wie bei der Form a der y'-Linie, wo y'' positiv ist, oder wie bei der Form C der y'-Linie, wo $y'' = 0$ ist.

3) Im Falle B hingegen muß y' an dem betreffenden Punkt vom Positiven zum Negativen übergehen, und zwar ist bei der Form b der y'-Linie y'' negativ, bei D aber $y'' = 0$.

4) Im Falle C (bezw. D) bleibt von dem betreffenden Punkt an y' positiv (bezw. negativ), wie vorher. Daher nimmt die y'-Linie die Form A (bezw. B) an, die aber die x-Achse berührt.

Ergebnis: Wird für einen bestimmten Wert von x der erste Differentialquotient der Funktion $y = f(x)$ zu Null

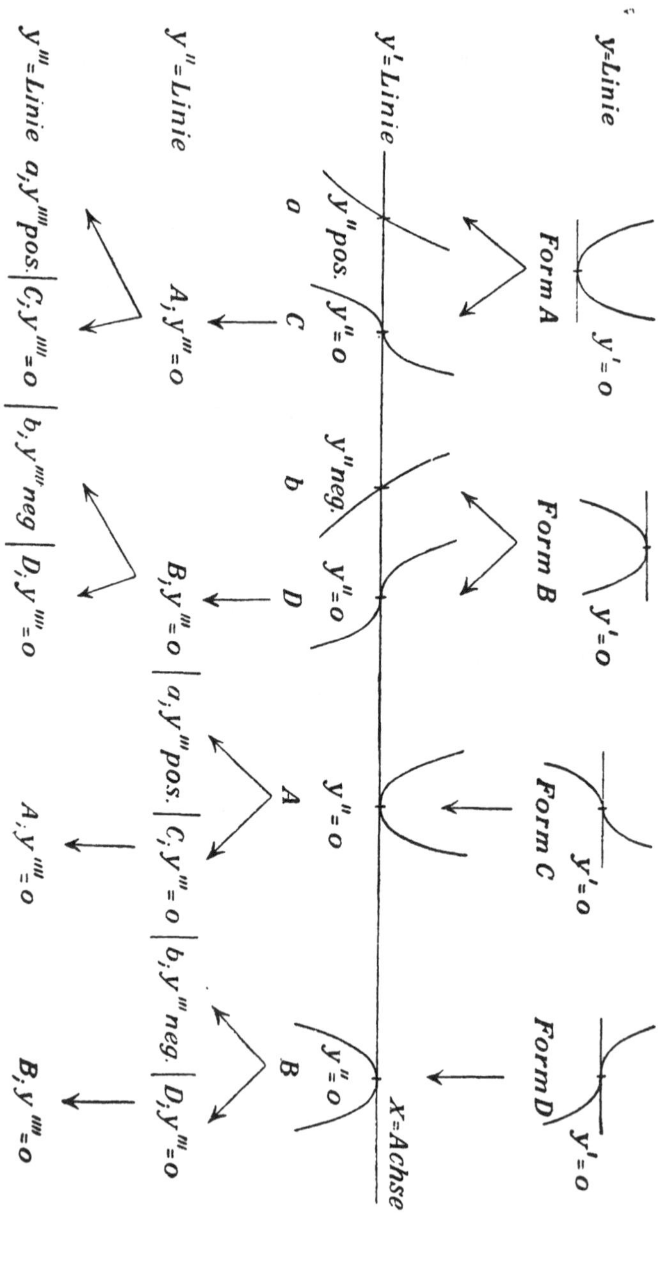
y-Linie
y'-Linie
y''-Linie
y'''-Linie
Form A
y' = o
Form B
y' = o
Form C
y' = o
Form D
y' = o
x-Achse
y'' pos.
y'' = o
y'' neg.
y'' = o
y'' = o
y'' = o
a
C
b
D
A
B
A, y''' = o
B, y''' = o
a, y''' pos.
C, y''' = o
b, y''' neg.
D, y''' = o
a, y'''' pos.
C, y'''' = o
b, y'''' neg
D, y'''' = o
A, y'''' = o
B, y'''' = o

Fig. 7.

und ist der zweite Differentialquotient positiv (oder negativ, so hat die Funktion für jenen Wert von x ein Minimum (oder Maximum).

§ 32b. Ist aber auch der zweite Differentialquotient gleich Null, so bedarf es einer weiteren Untersuchung, ob ein Minimum oder Maximum vorhanden ist. Diese Untersuchung entspricht genau der vorhergehenden und liefert auf Grund obiger Übersicht das allgemeinere Ergebnis:

Verschwinden für einen bestimmten Wert von x die Differentialquotienten der ersten, zweiten, dritten usw. Ordnung, so hat die Funktion für jenen Wert ein Minimum (Maximum), wenn der erste nicht verschwindende Differentialquotient von gerader Ordnung und positiv (negativ) ist.

§ 32c. Die Untersuchung des ersten Differentialquotienten genügt, wenn

1) aus andern Gründen von vornherein feststeht, daß ein Maximum (Minimum) vorliegen muß,

2) wenn man zeigen kann, daß die untersuchte Funktion unmittelbar vor und hinter dem vermuteten Maximum (Minimum) kleinere (größere) Werte besitzt,

3) wenn man zeigen kann, daß der erste Differentialquotient vor dem vermuteten Maximum (Minimum) positiv (negativ), dahinter aber negativ (positiv) ist.

§ 33a. 1) Bei den Aufgaben erhält man gewöhnlich zunächst $y = f(x, z)$, d. h. die zu untersuchende Größe als Funktion zweier Veränderlichen x und z, zwischen denen alsdann noch eine Gleichung $\varphi(x, z) = 0$ gesucht werden muß. Man kann nun weiter auf zwei Arten verfahren.

A) Aus der Gleichung $\varphi(x, z) = 0$ entwickelt man z als Funktion von x, setzt den Wert in die Gleichung für y ein, differenziert nach x und setzt den Differentialquotienten gleich Null.

B) Man betrachtet in der Gleichung $y = f(x, z)$ die Veränderliche z als Funktion von x und differenziert nach x, wobei dann natürlich $\frac{dz}{dx}$ auftritt. Ebenso differenziert man $\varphi(x, z) = 0$ nach x

und erhält auch hier $\frac{dz}{dx}$, dessen Wert man in der Gleichung $\frac{dy}{dx} = 0$ alsdann verwendet.

2) Diese beiden Methoden mögen an folgendem Beispiel veranschaulicht werden.

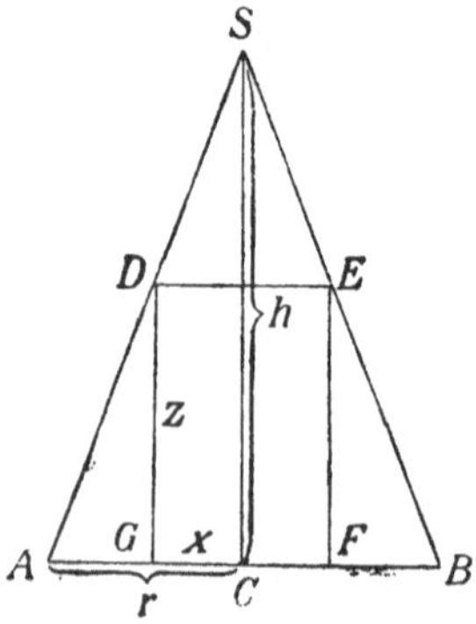

Fig. 8.

Aufgabe: Welcher unter den einem Kegel einbeschriebenen Zylindern hat den größten Rauminhalt?

Lösung: Denkt man sich den Zylinder in dem Kegel veränderlich, so erhält man als Grenzwerte für den Rauminhalt beide Male 0, da der Zylinder einmal mit der Grundfläche, das andere Mal mit der Höhe des Kegels zusammenfällt. Dazwischen muß der Rauminhalt einen größten Wert erreichen. Es genügt also die Untersuchung des ersten Differentialquotienten.

a) $y = x^2 \pi z;\ z:h = (r - x):r;\ z = h - \frac{hx}{r};$

$$y = x^2 \pi h - \frac{h\pi x^3}{r};\ y' = 2x\pi h - \frac{3h\pi x^2}{r} = 0;\quad x_m = \frac{2}{3} r.$$

b) $y = x^2 \pi z;\ y' = 2x\pi z + x^2 \pi \frac{dz}{dx};\ rz = hr - hx;$

$$r\frac{dz}{dx} = -h;\ y' = 2x\pi z - \frac{x^2 \pi h}{r} = 0;$$

$$2z_m = \frac{x_m \cdot h}{r};\ 2h - \frac{2x_m h}{r} = \frac{x_m h}{r};\ x_m = \frac{2}{3} r.$$

Bemerkung: Bei der Untersuchung des für y gefundenen Ausdrucks kann ein konstanter Summand oder ein konstanter Faktor weggelassen werden (weshalb?). Auch ist es in vielen Fällen vorteilhaft, y^2 statt y zu untersuchen, das ja, wenn negative y nicht in Betracht kommen, mit y gleichzeitig den größten und kleinsten Wert erreicht, oder $\frac{1}{y}$, wobei das Umgekehrte der Fall ist.

§ 33b. Schwierigere Beispiele aus der Physik.

Aufgabe 1: Ein Körper soll sich geradlinig von A aus nach einem Punkte der Geraden L und von dort nach B bewegen. Die (konstante) Geschwindigkeit auf dem ganzen Wege sei c. Welchen

Weg muß er einschlagen, wenn er den Zielpunkt in der kürzesten Zeit erreichen soll?

Lösung: t_1, t_2 und T seien die Zeiten, die der Körper für die Wege AO, OB und $AO+OB$ gebraucht. Dann ist $AO=ct_1$, $OB=ct_2$ und

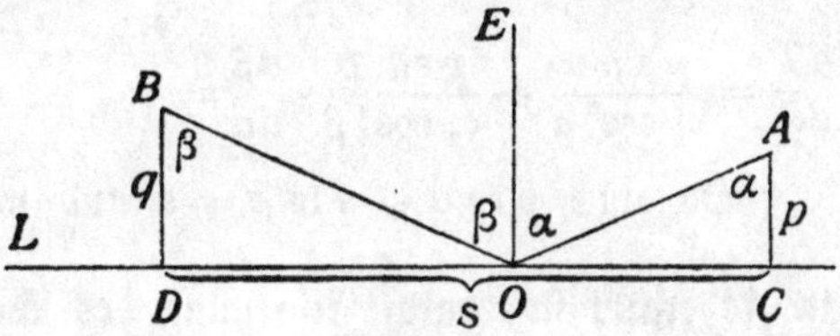

Fig. 9.

$T=t_1+t_2=\frac{AO}{c}+\frac{OB}{c}=\frac{p}{c.\cos\alpha}+\frac{q}{c.\cos\beta}$ (Fig. 9). T ist also von c, p, q, α und β abhängig; hiervon sind c, p und q konstant, α und β veränderlich, aber so, daß sich β nach α richtet. Es muß daher

$$\frac{dT}{d\alpha}=\frac{p\sin\alpha}{c\cdot\cos^2\alpha}+\frac{q\sin\beta}{c\cdot\cos^2\beta}\frac{d\beta}{d\alpha}=0 \text{ sein.}$$

Die Abhängigkeit des Winkels β von α findet ihren Ausdruck in der Gleichung $OC+OD=CD$ oder $p\,\mathrm{tg}\alpha+q\,\mathrm{tg}\beta=s$, worin s unveränderlich. Differenziert man beide Seiten nach α, so erhält man $\frac{p}{\cos^2\alpha}+\frac{q}{\cos^2\beta}\frac{d\beta}{d\alpha}=0$. Setzt man nun den sich hieraus ergebenden Wert für $\frac{d\beta}{d\alpha}$ in die Gleichung für $\frac{dT}{d\alpha}$ ein, so folgt $\frac{\sin\alpha}{c}=\frac{\sin\beta}{c}$ oder $\alpha=\beta$ (Reflexionsgesetz der Optik).

Daß im vorliegenden Fall ein Minimum überhaupt vorliegt, zeigt eine einfache Betrachtung der Verschiebung des Punktes O auf L nach beiden Seiten.

Aufgabe 2: Ein Körper soll sich geradlinig mit der Geschwindigkeit c_1 von A aus nach einem Punkt der Geraden L und von dort mit der Geschwindigkeit c_2 nach einem Punkt B auf der andern Seite von L weiterbewegen. Welchen Weg muß er einschlagen, wenn er den Zielpunkt in möglichst kurzer Zeit erreichen soll?

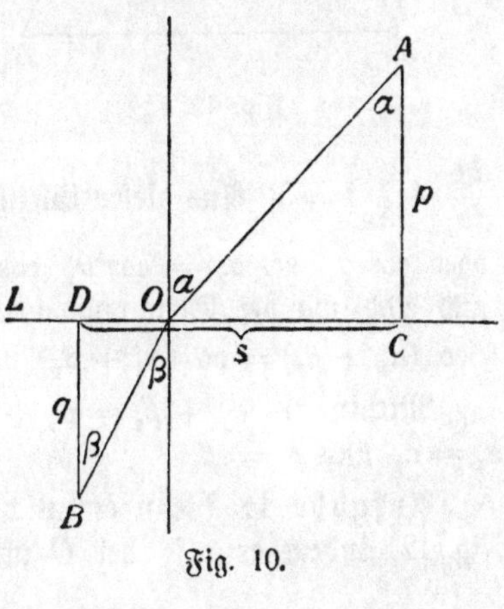

Fig. 10.

Lösung: Der vorigen Aufgabe entsprechend ist $AO=c_1 t_1$,

$OB = c_2 t_2$, also $T = \frac{AO}{c_1} + \frac{OB}{c_2} = \frac{p}{c_1 \cdot \cos\alpha} + \frac{q}{c_2 \cdot \cos\beta}$; daher $\frac{dT}{d\alpha} = \frac{p \sin\alpha}{c_1 \cos^2\alpha} + \frac{p \sin\beta}{c_2 \cos^2\beta} \cdot \frac{d\beta}{d\alpha} = 0$.

Da nun $p \operatorname{tg}\alpha + q \operatorname{tg}\beta = s$ und mithin $\frac{p}{\cos^2\alpha} + \frac{q}{\cos^2\beta}\frac{d\beta}{d\alpha} = 0$ ist, so ergibt sich durch Einsetzung des Wertes von $\frac{d\beta}{d\alpha}$ die Gleichung $\frac{\sin\alpha}{c_1} = \frac{\sin\beta}{c_2}$ oder $\frac{\sin\alpha}{\sin\beta} = \frac{c_1}{c_2}$ (Brechungsgesetz der Optik).

Aufgabe 3: Unter welchen Umständen erreicht die Ablenkung beim Durchgang eines Lichtstrahles durch ein Prisma den kleinsten Wert?

Lösung: Die Gesamtablenkung ist $\delta = \alpha_1 + \alpha_2 - \gamma$, worin γ konstant und α_2 von α_1 abhängig ist. Mithin ist für das Minimum der Ablenkung — daß ein solches vorhanden ist, lehrt der Versuch — $\frac{d\delta}{d\alpha_1} = 1 + \frac{d\alpha_2}{d\alpha_1} = 0$ oder $\frac{d\alpha_2}{d\alpha_1} = -1$. Die Beziehung zwischen α_1 und α_2 wird dargestellt durch die drei Gleichungen: $\sin\alpha_1 = n \sin\beta_1$; $\sin\alpha_2 = n \cdot \sin\beta_2$ und $\beta_1 + \beta_2 = \gamma$, woraus sich durch Differentiation nach α_1 ergibt: $\cos\alpha_1 = n \cos\beta_1 \frac{d\beta_1}{d\alpha_1}$; $\cos\alpha_2 \frac{d\alpha_2}{d\alpha_1} = n \cos\beta_2 \frac{d\beta_2}{d\alpha_1}$ und $\frac{d\beta_1}{d\alpha_1} + \frac{d\beta_2}{d\alpha_1} = 0$. Aus diesen Gleichungen läßt sich folgern $\frac{\cos\alpha_1}{\cos\beta_1} = \frac{\cos\alpha_2}{\cos\beta_2}$ oder $\cos\alpha_1 \cos\beta_2 = \cos\alpha_2 \cos\beta_1$, woraus sich durch Subtraktion und Addition der Gleichung $\sin\alpha_1 \sin\beta_2 = \sin\alpha_2 \sin\beta_1$ ergibt:

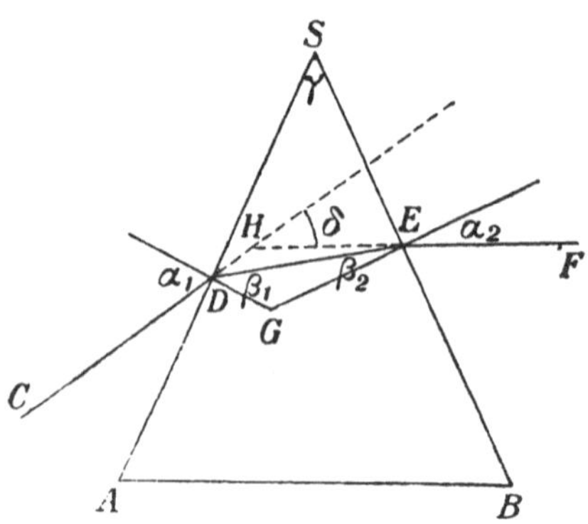

Fig. 11.

$$\cos(\alpha_1 + \beta_2) = \cos(\alpha_2 + \beta_1) \text{ und } \cos(\alpha_1 - \beta_2) = \cos(\alpha_2 - \beta_1).$$

Mithin ist $\alpha_1 + \beta_2 = \alpha_2 + \beta_1$ und $\alpha_1 - \beta_2 = \alpha_2 - \beta_1$, daher $\alpha_1 = \alpha_2$ und $\beta_1 = \beta_2$.

Aufgabe 4: Wenn ein Lichtstrahl BC parallel zu AO wie in Fig. 12, indem er also bei C und E gebrochen und bei D zurückgeworfen wird, durch den Regentropfen hindurch geht, so ist die Gesamtablenkung $\delta = \sphericalangle BGF = 4\beta - 2\alpha$. Der Strahl AO würde in sich selbst zurückgehen, seine Ablenkung also gleich Null sein. Verschiebt man aber AO parallel, so wird, wie sich durch Rechnung und Zeichnung zeigen läßt, die Ablenkung immer größer, wächst zu einem Maximum an und nimmt darauf wieder ab. In der Nähe dieses Maximums sind die austretenden Strahlen nahezu parallel. Wie groß ist hierfür α, β und δ?

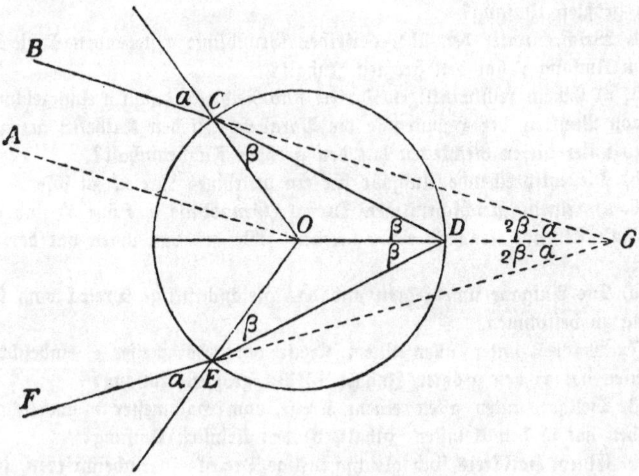

Fig. 12.

Lösung: Da $\delta = 4\beta - 2\alpha$, worin β durch die Gleichung $\sin\alpha = n \sin\beta$ von α abhängig ist, so muß für das Maximum $\frac{d\delta}{d\alpha} = 4\frac{d\beta}{d\alpha} - 2 = 0$ oder $\frac{d\beta}{d\alpha} = \frac{1}{2}$ sein. Nun ist ferner $\cos\alpha = n\cos\beta\frac{d\beta}{d\alpha}$, daher $\cos\alpha = \frac{n}{2}\cos\beta$ und, wie oben, $\sin\alpha = n\sin\beta$. Drückt man in diesen beiden Gleichungen die cosinus durch die sinus aus, so ergibt sich $\sin\alpha = \sqrt{\frac{4-n^2}{3}}$. Für rote Strahlen ist $n = \frac{4}{3}$, mithin $\alpha = 59°23'$, $\beta = 40°12'$, $\delta = 42°2'$; für violette Strahlen $n = \frac{109}{81}$, $\alpha = 58°40'$, $\beta = 39°24'$, $\delta = 40°16'$.

Frage: Wie ändert sich die Rechnung, wenn der Lichtstrahl (wie beim Nebenregenbogen) im Innern des Tropfens zweimal zurückgeworfen wird?

§ 34a. Übungen aus der Planimetrie.

1. Welches Rechteck von gegebenem Umfang u hat a) den größten Flächeninhalt, b) die kürzeste Diagonale?

2. Welches Rechteck von gegebenem Flächeninhalt J hat a) den kleinsten Umfang, b) die kürzeste Diagonale?

3. Welches Rechteck von gegebener Diagonale d hat a) den größten Inhalt, b) den größten Umfang?

4. Welches unter den über derselben Grundlinie c stehenden Dreiecken von gleichem Umfang u hat den größten Inhalt?

5. a) Einem rechtwinkligen Dreieck sind Rechtecke dadurch eingezeichnet, daß man von Punkten der Hypotenuse die Parallelen zu den Katheten gezogen hat. Welches unter diesen Rechtecken hat den größten Flächeninhalt?

b) Die entsprechende Aufgabe für ein beliebiges Dreieck zu lösen.

6. a) Einem gleichschenkligen Dreieck (Grundlinie c, Höhe h) sind auf der Grundlinie stehende Rechtecke einbeschrieben. Welches von ihnen hat den größten Inhalt?

b) Die Aufgabe umzukehren und das gleichschenklige Dreieck vom kleinsten Umfang zu bestimmen.

7. Welches unter allen einem Kreise vom Halbmesser r einbeschriebenen Rechtecken hat a) den größten Inhalt, b) den größten Umfang?

8. Welcher unter allen einem Kreise vom Halbmesser r umbeschriebenen Rhomben hat a) den kleinsten Inhalt, b) den kleinsten Umfang?

9. Einem Halbkreis sind gleichschenklige Dreiecke so einbeschrieben, daß ihre Spitzen im Mittelpunkt liegen und ihre Grundlinien dem begrenzenden Durchmesser parallel laufen. Welches ist das größte?

10. Welches unter den einem Kreise vom Halbmesser r einbeschriebenen gleichschenkligen Dreiecken hat a) den größten Inhalt, b) den größten Umfang?

11. In einem Quadranten ist die Sehne zwischen den Endpunkten der begrenzenden Halbmesser gezogen worden; es soll die Ordinate ermittelt werden, bei der das Stück zwischen Sehne und Kreis am größten ist.

12. In einem Halbkreis eine zum begrenzenden Durchmesser parallele Sehne so zu ziehen, daß das durch Sehne und Durchmesser bestimmte Trapez einen möglichst großen Flächeninhalt hat?

13. Welches unter allen gleichschenkligen Dreiecken, die einem Kreise vom Halbmesser r umbeschrieben sind, hat a) den kleinsten Flächeninhalt, b) den kleinsten Umfang?

14. Dieselbe Aufgabe für einen Halbkreis zu lösen.

15. Einem Kreisausschnitt (Halbmesser r, Mittelpunktswinkel α) ein Rechteck von größtem Flächeninhalt so einzuzeichnen, daß das eine Seitenpaar der Halbierungslinie des Mittelpunktswinkels parallel ist.

§ 34b. Übungen aus der Stereometrie.

1. Welcher unter allen Zylindern, deren Achsenschnitte denselben Umfang u haben, hat a) den größten Rauminhalt, b) den größten Mantel, c) die größte Oberfläche?

2. Welcher Zylinder von gegebenem Rauminhalt V hat a) den kleinsten Umfang des Achsenschnitts, b) die kleinste Oberfläche?

3. Welche quadratische Säule hat a) bei gegebener Oberfläche O den größten Rauminhalt, b) bei gegebenem Rauminhalt V die kleinste Oberfläche?

4. Welcher unter allen Kegeln, deren Achsenschnitte denselben Umfang u haben, hat den größten Rauminhalt?

5. n Stangen von je a m Länge sollen die Seitenkanten einer regelmäßigen Pyramide bilden. Auf dem Boden ist ein Kreis zu ziehen, in den die Stäbe eingesteckt werden. Wie groß muß sein Halbmesser gemacht werden, damit die Pyramide einen möglichst großen Inhalt erhalte, und wie groß ist dieser?

a) $n = 4$; b) $n = 6$; c) $n = 3$; d) $n = 8$; e) $n = 5$.

6) Es soll ein Hohlgefäß in Form a) eines Zylinders, b) eines Kegels, c) einer Kalotte angefertigt werden, das bei gegebener Oberfläche O den größten Inhalt hat.

7. Desgl., wenn das Gefäß bei gegebenem Inhalt V die kleinste Oberfläche besitzen soll.

8. Aus einem rechteckigen Stück Pappe von $a = 40$ cm Länge und $b = 25$ cm Breite soll an jeder Ecke ein Quadrat herausgeschnitten und aus dem Rest ein Kasten gebogen werden. Wie groß muß die Seite des Quadrats gewählt werden, wenn der Inhalt des Kastens möglichst groß sein soll?

9. Einer Kugel soll der Zylinder einbeschrieben werden, der a) den größten Inhalt, b) den größten Mantel, c) die größte Oberfläche hat.

10. Einem geraden Kegel (r, h) soll der Zylinder einbeschrieben werden, der a) den größten Inhalt, b) den größten Mantel, c) die größte Oberfläche hat.

11. Um einen geraden Zylinder (r, h) soll der gerade Kegel gelegt werden, der a) den kleinsten Inhalt, b) den kleinsten Mantel (kubische Gleichung!) hat.

12. Einem geraden Kegel soll ein zweiter in umgekehrter Lage so einbeschrieben werden, daß letzterer a) einen möglichst großen Inhalt, b) einen möglichst großen Mantel, c) eine möglichst große Oberfläche hat.

13. Einem geraden Kegel soll eine quadratische Säule so einbeschrieben werden, daß sie a) einen möglichst großen Inhalt, b) eine möglichst große Oberfläche hat.

14. Einer Kugel den geraden Kegel einzubeschreiben, der a) den größten Inhalt, b) den größten Mantel, c) die größte Oberfläche hat.

15. Einer Kugel die quadratische Säule einzubeschreiben, die a) den größten Inhalt, b) den größten Mantel, c) die größte Oberfläche hat.

16. Einer Kugel a) das größte gerade regelmäßig-dreiseitige Prisma, b) die größte gerade regelmäßig-vierseitige Pyramide, c) die größte gerade regelmäßig-dreiseitige Pyramide einzubeschreiben.

17. Um eine Kugel den kleinsten geraden Kegel zu legen.

18. Im Abstande a vom Mittelpunkt einer Kugel befindet sich ein leuchtender Punkt. Wie groß muß der Halbmesser der Kugel gewählt werden, wenn die beleuchtete Fläche möglichst groß sein soll?

19. Einer Halbkugel soll a) der größte gerade Kegel, b) die größte gerade quadratische Pyramide, c) die größte gerade regelmäßig-dreiseitige Pyramide so einbeschrieben werden, daß die Spitze im Mittelpunkt liegt.

20. Wie groß ist die Höhe desjenigen unter den einer Halbkugel einbeschriebenen Zylindern, dessen Mantel die über seiner oberen Grundfläche stehende Kugelmütze am meisten übertrifft?

21. Welcher unter den einer Halbkugel einbeschriebenen Kegelstumpfen hat den größten Mantel?

22. Um eine Halbkugel den Kegel von kleinstem Mantel zu legen.

23. Welcher Kugelabschnitt übertrifft an Rauminhalt die größte ihm einbeschriebene Kugel am meisten?

24. Bei welchem Kugelausschnitt (Mittelpunktswinkel $= 2\varphi$) ist die Differenz zwischen dem Kegelmantel und der Kugelmütze am größten?

25. Um einen Punkt P einer gegebenen Kugel eine zweite so zu beschreiben, daß ihre innerhalb der gegebenen Kugel liegende Mütze den größten Flächeninhalt hat.

26. In ein regelmäßiges Tetraeder den größten Zylinder zu beschreiben.

§ 34c. Übungen aus der Lehre von den Funktionen und der analytischen Geometrie.

Die größten und kleinsten Werte nachstehender Funktionen zu bestimmen:

1. $y = \dfrac{3x^2 - 5x + 8}{x}$

2. $y = \dfrac{8}{x-3} - \dfrac{8}{x-5}$

3. $y = (2x - 3)(3x + 2)^2$

4. $y = \dfrac{1}{x^2} + \dfrac{1}{x} + 3x + 2$ (kubische Gleichung).

5. a) $y = \cos x + \sin x$; b) $y = \cos x - \sin x$.

6. a) $y = \operatorname{tg} x + \cot x$; b) $y = \operatorname{tg} x - \cot x$.

7. a) $y = \frac{1}{2}\cos 2x - \cos x$; b) $y = \frac{1}{2}\sin 2x - \sin x$.

8. a) $y = \cos 3x - \cos^3 x$; b) $y = \sin 3x - \sin^3 x$.

9. Durch den Punkt $[p; q]$ im ersten Quadranten eine Gerade so zu legen, daß der zwischen den positiven Hälften der Koordinatenachsen liegende Abschnitt möglichst kurz werde. Beispiel: $p = 4$, $q = 5$.

10. Welcher Punkt der Parabel $y^2 = 2px$ ist dem Punkt $[x_1; y_1]$ am nächsten? Beispiel: a) $x_1 = 2p$; $y_1 = 0$; b) $x_1 = p$, $y_1 = 4p$.

11. Einem Parabelsegment, das von einer zur Achse senkrechten Sehne im Abstande q vom Scheitel begrenzt wird, soll mittels einer Parallele zu dieser Sehne a) das größte gleichschenklige Dreieck (mit der Spitze im Mittelpunkt der Sehne), b) das größte Rechteck, c) das größte Trapez einbeschrieben werden.

12. In Aufgabe 11 soll das Rechteck so einbeschrieben werden, daß der bei der Umdrehung um die Achse entstehende Zylinder a) den größten Rauminhalt, b) den größten Mantel, c) die größte Oberfläche erhält.

13. In Aufgabe 11 soll das gleichschenklige Dreieck so einbeschrieben werden, daß der hieraus bei der Umdrehung um die Achse entstehende Kegel a) einen möglichst großen Rauminhalt, b) einen möglichst großen Mantel hat.

14. Welche zur x-Achse parallele Sehne der Ellipse $b^2x^2 + a^2y^2 = a^2b^2$ bildet die Grundlinie des größten gleichschenkligen Dreiecks, dessen Spitze a) im Mittelpunkt, b) in einem Nebenscheitel liegt?

15. Welches gleichschenklige Dreieck, dessen Schenkel eine Ellipse berühren und dessen Grundlinie a) auf der x-Achse liegt, b) die Ellipse in dem gegenüberliegenden Nebenscheitel berührt, hat den kleinsten Flächeninhalt?

16. Welches der gleichschenkligen Dreiecke in Aufg. 14 beschreibt bei der Umdrehung um die y-Achse den größten Kegel?

17. Desgl. in Aufg. 15 den kleinsten Kegel.

18. Welche zur x-Achse parallele Sehne einer Ellipse bestimmt mit deren Hauptachse das größte Trapez?

19. Von welcher Tangente einer Ellipse im ersten Quadranten schneiden die Achsen die kleinste Strecke ab?

20. Welche dieser Tangenten beschreibt bei der Drehung um die y-Achse a) den kleinsten Kegel, b) den kleinsten Kegelmantel?

21. Auf welcher Sehne gleitet ein materieller Punkt ohne Reibung am schnellsten ab, wenn sie a) bei einer Parabel mit senkrechter Achse durch den Brennpunkt, b) bei einer Ellipse (Hyperbel) mit senkrechter Achse durch einen Brennpunkt, c) bei dem Kreise $x^2 + y^2 = r^2$ durch den Punkt $[0; -q]$ geht?

B. Unendliche Reihen.

§ 35. **Durch Ausführung der Division erhält man**

$$y = \frac{6}{2-x} = 3 + \frac{3}{2}x + \frac{3}{4}x^2 + \frac{3}{8}x^3 + \frac{\frac{3}{8}x^4}{2-x}.$$

Diese Darstellung ist ohne jeden Zweifel völlig zulässig. Schreibt man aber dafür die unendliche Reihe

$$3 + \tfrac{3}{2}x + \tfrac{3}{4}x^2 + \tfrac{3}{8}x^3 + \tfrac{3}{16}x^4 + \cdots,$$

so zeigt die Probe, daß für $x = 3$ der Bruch $\frac{6}{2-x}$ den Wert -6, die Reihe aber einen unendlich großen Wert annimmt, während für $x = 1$ der Bruch gleich 6 wird und die Reihe sich (als geometrische Reihe) gleichfalls dem Wert 6 nähert.

Allgemein: Der Bruch $\frac{6}{2-x}$ hat für jeden Wert von x außer

$x=2$ einen ganz bestimmten Wert; daher kann man für jenen Bruch die unendliche Reihe nur dann setzen, wenn sie bei unendlicher wachsender Gliederzahl sich auch einem bestimmten Werte nähert, d. h. wenn sie konvergiert. Die obige Reihe konvergiert als geometrische Reihe, wenn der absolute Wert ihres Quotienten $\left(\frac{x}{2}\right)$ kleiner als 1 ist. Daher ist es erlaubt, für $-2 < x < +2$ den Bruch $\frac{6}{2-x}$ durch die unendliche Reihe zu ersetzen.

§ 36. Dasselbe zeigt die graphische Darstellung (Fig. 13 auf der am Schluß des Buches befindlichen Tafel I). Sie enthält die Linien:

$$A:\ y = \frac{6}{2-x} = 6\,(2-x)^{-1};$$

$$A_1:\ y = 3 + \tfrac{3}{2}x;$$

$$A_2:\ y = 3 + \tfrac{3}{2}x + \tfrac{3}{4}x^2;$$

$$A_3:\ y = 3 + \tfrac{3}{2}x + \tfrac{3}{4}x^2 + \tfrac{3}{8}x^3;$$

$$A_4:\ y = 3 + \tfrac{3}{2}x + \tfrac{3}{4}x^2 + \tfrac{3}{8}x^3 + \tfrac{3}{16}x^4.$$

Die Zeichnung ist erfolgt auf Grund nachstehender Tafel:

	$x=$	-3	$-2\frac{1}{2}$	-2	$-1\frac{1}{2}$	-1	$-\frac{1}{2}$	0	$\frac{1}{2}$	1	$1\frac{1}{2}$	2	$2\frac{1}{2}$	3
A	$y=$	$1\frac{1}{5}$	$1\frac{1}{3}$	$1\frac{1}{2}$	$1\frac{5}{7}$	2	$2\frac{2}{5}$	3	4	6	12	∞	-12	-6
A_1	$y=$	$-1\frac{1}{2}$	$-\frac{3}{4}$	0	$\frac{3}{4}$	$1\frac{1}{2}$	$2\frac{1}{4}$	3	$3\frac{3}{4}$	$4\frac{1}{2}$	$5\frac{1}{4}$	6	$6\frac{3}{4}$	$7\frac{1}{2}$
A_2	$y=$	$5\frac{1}{4}$	$3\frac{15}{16}$	3	$2\frac{7}{16}$	$2\frac{1}{4}$	$2\frac{7}{16}$	3	$3\frac{15}{16}$	$5\frac{1}{4}$	$6\frac{15}{16}$	9	$11\frac{7}{16}$	$14\frac{1}{4}$
A_3	$y=$	$-4\frac{7}{8}$	$-1\frac{59}{64}$	0	$1\frac{11}{64}$	$1\frac{7}{8}$	$2\frac{25}{64}$	3	$3\frac{63}{64}$	$5\frac{5}{8}$	$8\frac{13}{64}$	12	$17\frac{19}{64}$	$24\frac{3}{8}$
A_4	$y=$	$10\frac{5}{16}$	$5\frac{103}{256}$	3	$2\frac{31}{256}$	$2\frac{1}{16}$	$2\frac{103}{256}$	3	$3\frac{255}{256}$	$5\frac{13}{16}$	$9\frac{39}{256}$	15	$24\frac{159}{256}$	$39\frac{9}{16}$

Die Darstellung zeigt:

1. Für $x=0$ ist überall $y=3$. Diesen Punkt haben alle Linien gemeinsam.

2. Die Gerade $y=3+\frac{3}{2}x$ ist in diesem Punkt Tangente an allen Kurven, denn für $x=0$ ist der erste Differentialquotient überall gleich $\frac{3}{2}$.

3. Für alle Werte von x zwischen -2 und $+2$ schmiegen sich die Kurven um so mehr der Kurve A an, je höher ihre Ordnungszahl ist. Daß diese Annäherung jenseits dieser Grenzen nicht mehr stattfindet, ist deutlich erkennbar in der Zeichnung für $x < -2$, für

$x > 2$ dagegen, wo die Zeichnung nicht mehr ausreicht, wenigstens in der Zahlentabelle.

4. Dies erkennt man auch an den nachstehenden Differentialquotienten der Kurven für $x = 0$, nämlich

	y'	y''	y'''	y''''
A	$\frac{3}{2}$	$\frac{3}{2}$	$\frac{9}{4}$	$\frac{9}{2}$
A_1	$\frac{3}{2}$	0	0	0
A_2	$\frac{3}{2}$	$\frac{3}{2}$	0	0
A_3	$\frac{3}{2}$	$\frac{3}{2}$	$\frac{9}{4}$	0
A_4	$\frac{3}{2}$	$\frac{3}{2}$	$\frac{9}{4}$	$\frac{9}{2}$

Es hat also an dem betrachteten Punkt die Kurve A mit A_1 den ersten Differentialquotienten gemein, mit A_2 die beiden ersten, mit A_3 die drei ersten, mit A_4 die vier ersten, wonach man Berührungen erster, zweiter, dritter, vierter Ordnung usw. unterscheidet.

5. Bezeichnet man $\frac{6}{2-x}$ mit $f(x)$, so ist $f(0) = 3$, $f'(0) = \frac{3}{2}$, $f''(0) = \frac{3}{2}$, $f'''(0) = \frac{9}{4}$, $f''''(0) = \frac{9}{2}$, also in diesem Fall $f(x) = f(0) + f'(0) . x + \frac{f''(0)}{1.2} x^2 + \frac{f'''(0)}{1.2.3} x^3 + \frac{f''''(0)}{1.2.3.4} x^4 + \cdots$ gültig für $-2 < x < +2$.

§ 37. Eine Reihe von der Form

$$f(x) = a_0 + a_1 x + a_2 x^2 + a_3 x^3 + a_4 x^4 + \cdots$$

heißt eine Potenzreihe. Sie kann einen geschlossenen Ausdruck $f(x)$ nur für solche Werte von x ersetzen, für die die Reihe konvergiert, d. h. für die die Summe der Glieder sich bei unendlich wachsender Gliederzahl einem bestimmten endlichen Werte nähert.

Diese Bedingung ist erfüllt, wenn der aus einem Gliede und dem vorhergehenden gebildete Quotient $a_{m+1} x^{m+1} : a_m x^m$, absolut genommen, von vornherein oder von einem bestimmten Gliede an kleiner als 1 ist und sich bei wachsendem m einer Zahl q unter 1 (einem echten Bruch) nähert (vgl. O. II, § 56,3 und 57, Bem., S. 49, 50).

§ 38. Nun ist

$$f(x)=a_0+a_1x+a_2x^2+a_3x^3+a_4x^4+\cdots,\text{ daher}$$
$$f'(x)=a_1+2a_2x+3a_3x^2+4a_4x^3+\cdots,$$
$$f''(x)=2a_2+3.2.a_3.x+4.3.a_4x^2+\cdots,$$
$$f'''(x)=3.2.a_3+4.3.2.a_4x+\cdots,$$
$$f''''(x)=4.3.2.a_4+\cdots\text{ usw.}$$

Demnach ist $f(0)=a_0$, $f'(0)=a_1$, $f''(0)=2a_2$, $f'''(0)=3.2.a_3$, $f''''(0)=4.3.2.a_4$ usw., oder $a_0=f(0)$, $a_1=f'(0)$, $a_2=\frac{f''(0)}{1.2}$, $a_3=\frac{f'''(0)}{1.2.3}$, $a_4=\frac{f''''(0)}{1.2.3.4}$ usw.

Hieraus ergibt sich die Reihe von Mac Laurin:

$$(1)\quad \boldsymbol{f(x)=f(0)+f'(0)\cdot x+\frac{f''(0)}{1.2}x^2+\frac{f'''(0)}{1.2.3}x^3+\cdots}$$

§ 39. **Die Binomische Reihe.**

$f(x)=(a+x)^n$; $f'(x)=n(a+x)^{n-1}$; $f''(x)=n(n-1)(a+x)^{n-2}$; $f'''(x)=n(n-1)(n-2)(a+x)^{n-3}$ usw. Daher:

$$(2)\quad (a+x)^n=a^n+na^{n-1}x+\frac{n(n-1)}{1\cdot 2}a^{n-2}x^2$$
$$+\frac{n(n-1)(n-2)}{1.2.3}a^{n-3}x^3+\cdots+\frac{n(n-1)\cdots(n-p+1)}{1.2.3\ldots p}a^{n-p}x^p$$
$$+\frac{n(n-1)\cdots(n-p)}{1.2.3\cdots(p+1)}a^{n-p-1}x^{p+1}+\cdots$$

Da die benutzten Differentialquotienten für beliebige n gelten, so trifft dies auch für die Reihe selbst zu.

Konvergenzbedingung: Es ist

$$q=\lim_{p=\infty}\left[\frac{n(n-1)\cdots(n-p)}{1.2.3\cdots(p+1)}a^{n-p-1}x^{p+1}\right.$$
$$\left.:\frac{n(n-1)\cdots(n-p+1)}{1.2.3\cdots p}\cdot a^{n-p}x^p\right]=\lim_{p=\infty}\left[\frac{n-p}{p+1}\cdot\frac{x}{a}\right].$$

Nun ist $\lim\limits_{p=\infty}\left[\frac{n-p}{p+1}\right]=\lim\limits_{p=\infty}\left[\frac{\frac{n}{p}-1}{1+\frac{1}{p}}\right]=-1$. Daher muß, damit $q<1$ sei, $\frac{x}{a}$ ein echter Bruch sein, oder $-a<x<+a$.

§ 40. Reihe für die Exponentialfunktion.

1) $f(x)=e^x$. Unter Benutzung der in § 30,2 zusammengestellten Differentialquotienten ergibt sich nach der Reihe von Mac Laurin

$$(3) \quad e^x=1+x+\frac{x^2}{1.2}+\frac{x^3}{1.2.3}+\frac{x^4}{1.2.3.4}+\cdots$$

Konvergenzbedingung: $\lim\limits_{m=\infty}\left[\frac{x^m}{m!}:\frac{x^{m-1}}{(m-1)!}\right]<1$ oder $\lim\limits_{m=\infty}\frac{x}{m}<1$, daher $-\infty<x<+\infty$.

2) $f(x)=a^x$. Nach § 30,2 und § 38 ist

$$(4) \quad a^x=1+la.x+\frac{(la)^2}{1.2}x^2+\frac{(la)^3}{1.2.3}x^3+\cdots$$

Konvergenzbedingung: $\lim\limits_{m=\infty}\left[\frac{(la)^m}{m!}x^m:\frac{(la)^{m-1}}{(m-1)!}x^{m-1}\right]<1$,

oder $\lim\limits_{m=\infty}\frac{la.x}{m}<1$, daher $-\infty<x<+\infty$.

Bemerkung: Setzt man in der Reihe für e^x $x=1$, so erhält man

$$(5) \quad e=1+1+\frac{1}{1.2}+\frac{1}{1.2.3}+\frac{1}{1.2.3.4}+\cdots$$

Eine Berechnung von e auf Grund dieser Reihe liefert bis zum Gliede $\frac{1}{20!}$ einschließlich den Wert $e=2{,}718281828459045335\cdots$

§ 41. Logarithmische Reihen. Da $\log x$ für $x=0$ gleich $-\infty$ wird, läßt sich darauf die Mac Laurinsche Reihe nicht anwenden, wohl aber auf $l(1+x)$ und $\log(1+x)$.

1) $f(x)=l(1+x)$. Es ergibt sich alsdann:

$$(6) \quad l(1+x)=x-\frac{x^2}{2}+\frac{x^3}{3}-\frac{x^4}{4}+\frac{x^5}{5}-\cdots$$

Konvergenzbedingung: $\lim\limits_{m=\infty}\left[\frac{x^m}{m}:\frac{x^{m-1}}{m-1}\right]<1$ oder

$$\lim_{m=\infty}\left[\left(1-\frac{1}{m}\right)x\right]<1, \text{ daher } -1<x<1.$$

2) Ebenso ergibt sich mit derselben Konvergenzbedingung

$l(1-x)=-x-\frac{x^2}{2}-\frac{x^3}{3}-\frac{x^4}{4}-\frac{x^5}{5}-\cdots$, daher ist $l\,\frac{1+x}{1-x}$

$=2(x+\frac{x^3}{3}+\frac{x^5}{5}+\frac{x^7}{7}+\cdots)$, und setzt man $\frac{1+x}{1-x}=z$, so daß $x=\frac{z-1}{z+1}$, so entsprechen den Grenzen -1 und $+1$ für x die Grenzen 0 und ∞ für z, und es ist demnach für $0<z<\infty$

$$(7)\quad lz=2\left(\frac{z-1}{z+1}+\frac{1}{3}\cdot\left(\frac{z-1}{z+1}\right)^3+\frac{1}{5}\cdot\left(\frac{z-1}{z+1}\right)^5+\cdots\right)$$

3) $f(x)=\log(1+x)_{(b)}$. Alsdann ist nach der Reihe von Mac Laurin oder auf Grund der Gleichung $\log(1+x)_{(b)}=l(1+x)\cdot\log e_{(b)}$

$$\log(1+x)_{(b)}=\log e_{(b)}\left(x-\frac{x^2}{2}+\frac{x^3}{3}-\frac{x^4}{4}+\frac{x^5}{5}-\cdots\right).$$

Ist nun $\log e_{(b)}=p$, so ist $b^p=e$ oder $plb=1$, daher $p=\frac{1}{lb}$ und

$$(8)\quad \log(1+x)_{(b)}=\frac{1}{lb}\left(x-\frac{x^2}{2}+\frac{x^3}{3}-\frac{x^4}{4}+\cdots\right).$$

Die Konvergenzbedingung ist dieselbe wie in 1). $\frac{1}{lb}$ heißt der Modulus des Logarithmensystems mit der Basis b.

§ 42. Reihen für sinus und cosinus.

1. $f(x)=\sin x$. Auf Grund von § 30,2 und § 38 ist

$$(9)\quad \sin x=x-\frac{x^3}{1.2.3}+\frac{x^5}{1.2.3.4.5}-\frac{x^7}{7!}+\frac{x^9}{9!}-\cdots$$

Konvergenzbedingung: $\lim_{m=\infty}\left[\frac{x^{2m+1}}{(2m+1)!}:\frac{x^{2m-1}}{(2m-1)!}\right]<1$ oder $\lim_{m=\infty}\frac{x^2}{(2m+1)\,2m}<1$, daher $-\infty<x<+\infty$.

2) $f(x)=\cos x$. Nach § 30,2 und § 38 ist

$$(10)\quad \cos x=1-\frac{x^2}{1.2}+\frac{x^4}{1.2.3.4}-\frac{x^6}{6!}+\frac{x^8}{8!}-\cdots$$

Konvergenzbedingung: $\lim_{m=\infty}\frac{x^{2m}}{2m!}:\frac{x^{2m-2}}{(2m-2)!}<1$ oder

$$\lim_{m=\infty}\frac{x^2}{2m\cdot(2m-1)}<1,\text{ daher } -\infty<x<+\infty.$$

§ 43. **Reihen für arc tang und π.**

$f(x) = \text{arc tg} x$. Nach § 30,2 und § 38 ist

$$(11) \quad \text{arc tg}\, x = x - \frac{x^3}{3} + \frac{x^5}{5} - \frac{x^7}{7} + \frac{x^9}{9} - \cdots$$

Konvergenzbedingung: $\lim\limits_{m=\infty}\left[\frac{x^{2m+1}}{2m+1} : \frac{x^{2m-1}}{2m-1}\right] < 1$ oder

$$\lim_{m=\infty}\left[\frac{2-\frac{1}{m}}{2+\frac{1}{m}} x^2\right] < 1, \text{ daher } -1 < x < +1.$$

Auch für $x = 1$ selbst ist die Reihe noch konvergent (vgl. O. II. S. 50). Hierfür ist aber $\text{arc tg} x = \frac{\pi}{4}$, daher

$$(12) \quad \frac{\pi}{4} = 1 - \frac{1}{3} + \frac{1}{5} - \frac{1}{7} + \frac{1}{9} - \cdots \text{ (Leibnizsche Reihe).}$$

Ist dagegen der Winkel 30°, der Bogen also $\frac{\pi}{6}$, so ist $x = \text{tg}\, 30^0 = \frac{1}{3}\sqrt{3}$, daher

$$(13) \quad \frac{\pi}{6} = \frac{1}{3}\sqrt{3}\left(1 - \frac{1}{3.3} + \frac{1}{5.3^2} - \frac{1}{7.3^3} + \frac{1}{9.3^4} - \cdots\right).$$

Die letztere Reihe (Lagnysche Reihe) konvergiert schneller und liefert bis zum Gliede $\frac{1}{19.3^9}$ einschließlich den Wert $\pi = 3{,}14159|028\cdots$, der auf 5 Dezimalstellen genau ist.

§ 44. **Zusammenhang zwischen den Reihen für die trigonometrischen Funktionen und die Exponentialfunktion.**

Nach § 40,1 ist

$$e^{ix} = 1 + ix - \frac{x^2}{2!} - i\frac{x^3}{3!} + \frac{x^4}{4!} + i\frac{x^5}{5!} - \frac{x^6}{6!} + \cdots$$

$$= \left(1 - \frac{x^2}{2!} + \frac{x^4}{4!} - \frac{x^6}{6!} + \cdots\right) + i\left(x - \frac{x^3}{3!} + \frac{x^5}{5!} - \cdots\right), \text{ also}$$

$$(14) \quad e^{ix} = \cos x + i \sin x, \text{ und } e^{-ix} = \cos x - i \sin x.$$

Hiernach ist es erklärlich, weshalb für die Multiplikation, Division, Potenzierung und Radizierung der Ausdrücke $\cos x \pm i \sin x$ ähnliche Regeln gelten wie für Potenzen. Aus den beiden obigen Gleichungen folgt ferner:

$$(15)\quad \cos x = \frac{e^{ix} + e^{-ix}}{2}, \quad \sin x = \frac{e^{ix} - e^{-ix}}{2i}.$$

C. Auswertung von Quotienten $\left(\frac{0}{0};\ \frac{\infty}{\infty}\right)$ und Ermittelung von Wurzeln numerischer Gleichungen.

§ 45. Ist $f(a + x)$ eine Funktion von $a + x$, wobei a als konstant, x als veränderlich zu denken ist, so läßt sich unter Vorbehalt der Konvergenz $f(a + x)$ in eine nach Potenzen von x fortschreitende unendliche Reihe entwickeln. Es sei

$f(a + x) = b_0 + b_1 x + b_2 x^2 + b_3 x^3 + b_4 x^4 + \cdots$; mithin ist

$f'(a + x) = b_1 + 2b_2 x + 3b_3 x^2 + 4b_4 x^3 + \cdots,$

$f''(a + x) = 2b_2 + 3 \,.\, 2 \,.\, b_3 x + 4 \,.\, 3 \,.\, b_4 x^2 + \cdots,$

$f'''(a + x) = 3 \,.\, 2 \,.\, b_3 + 4 \,.\, 3 \,.\, 2 b_4 x + \cdots$ usw.

Setzt man nun $x = 0$, so ist $f(a) = b_0$, $f'(a) = b_1$, $f''(a) = 2b_2$, $f'''(a) = 3 \,.\, 2 \,.\, b_3$ usw., daher

$$(16)\quad f(a + x) = f(a) + f'(a)x + \frac{f''(a)}{1.2}x^2 + \frac{f'''(a)}{1.2.3}x^3 + \cdots$$

Diese Reihe enthält die Mac Laurinsche Reihe als besonderen Fall, wenn nämlich $a = 0$ ist.

§ 46. Nehmen die beiden Funktionen $y = f(x)$ und $z = g(x)$ für $x = a$ den Wert 0 an, so kann der Wert des Quotienten $\frac{f(a)}{g(a)}$ gleichwohl folgendermaßen bestimmt werden. Es ist $f(a + x) = f(a) + f'(a)x + \frac{f''(a)}{1.2}x^2 + \frac{f'''(a)}{1.2.3}x^3 + \cdots = x \,.\left(f'(a) + \frac{f''(a)}{1.2}x + \frac{f'''(a)}{1.2.3}x^2 + \cdots\right)$ und ebenso $g(a + x) = x \,.\left(g'(a) + \frac{g''(a)}{1.2}x + \frac{g'''(a)}{1.2.3}x^2 + \cdots\right)$;

mithin ist $\dfrac{f(a + x)}{g(a + x)} = \dfrac{f'(a) + \frac{f''(a)}{1.2}x + \frac{f'''(a)}{1.2.3}x^2 + \cdots}{g'(a) + \frac{g''(a)}{1.2}x + \frac{g'''(a)}{1.2.3}x^2 + \cdots}$. Setzt man nun $x = 0$, so ergibt sich $\dfrac{f(a)}{g(a)} = \dfrac{f'(a)}{g'(a)}$.

Sollten auch die ersten Differentialquotienten für $x=a$ den Wert 0 annehmen, so muß das Verfahren wiederholt werden und führt dann zu der Gleichung $\frac{f(a)}{g(a)}=\frac{f''(a)}{g''(a)}$ usw.

§ 47. Werden dagegen y und z für $x=a$ unendlich groß, so werden $\frac{1}{y}$ und $\frac{1}{z}$ gleich Null. Man setzt daher $\frac{y}{z}=\frac{1}{z}:\frac{1}{y}$ und wendet hierauf das vorige Verfahren an, d. h. für $x=o$ ist $\frac{y}{z}=\frac{1}{z}:\frac{1}{y}$ $=\left(-\frac{z'}{z^2}\right):\left(-\frac{y'}{y^2}\right)$ oder $y\cdot\frac{y'}{y^2}=z\cdot\frac{z'}{z^2}$, mithin $\frac{y}{z}=\frac{y'}{z'}$; auch hier ist also für $x=a$ der Wert des Quotienten der beiden Funktionen gleich dem Quotienten ihrer ersten Differentialquotienten.

§ 48. Kennt man einen Wert $x=a$, der die Funktion $f(x)$ nahezu zu 0 macht und fehlt an der wirklichen Wurzel noch der zu bestimmende Betrag z, so wäre demnach $f(a+z)=0$ oder

$$f(a)+f'(a)\,z+\frac{f''(a)}{1.2}z^2+\frac{f'''(a)}{1.2.3}z^3+\cdots=0.$$

Ist z hinreichend klein, so kann man die Glieder, die eine höhere Potenz von z als Faktor enthalten, vernachlässigen, und es ergibt sich als Annäherung $f(a)+f'(a)\,z_1=0$, woraus $z_1=-\frac{f(a)}{f'(a)}$ folgt.

Um eine weitere Annäherung zu erhalten, verfährt man mit $a+z_1$ geradeso wie vorhin mit a.

Ist dagegen z nicht hinreichend klein, so behält man noch das Glied mit z^2 bei und löst alsdann die quadratische Gleichung $f(a)+f'(a)\,z_1+\frac{f''(a)}{1.2}z_1^2=0$ nach z_1 auf.

D. Ermittelung der Gleichungen von Kurventangenten.

§ 49. Die Tangente im Punkte $[x_1, y_1]$ der Kurve $y=f(x)$ hat als Gerade, die durch den genannten Punkt geht, die Gleichung $y-y_1=M(x-x_1)$, worin die Richtungskonstante M, die die trigonometrische Tangente ihres Neigungswinkels mit der positiven x-Achse bedeutet, noch zu bestimmen ist. M ist aber gleich dem Wert des Differentialquotienten der Funktion für den Berührungspunkt.

§ 50. **Kreistangentengleichung**

a) **für die Mittelpunktsgleichung** $x^2 + y^2 = r^2$.

$2x + 2y\frac{dy}{dx} = 0$; $\frac{dy}{dx} = -\frac{x}{y}$, mithin die Gleichung der Tangente $y - y_1 = -\frac{x_1}{y_1}(x - x_1)$ oder (unter Benutzung der Kreisgleichung)

$$x_1 \cdot x + y_1\, y = r^2.$$

b) **für die allgemeine Gleichung** $(x-a)^2 + (y-b)^2 = r^2$.

$2(x-a) + 2(y-b)\frac{dy}{dx} = 0$; $\frac{dy}{dx} = -\frac{x-a}{y-b}$, mithin die Gleichung der Tangente $y - y_1 = -\frac{x_1 - a}{y_1 - b}(x - x_1)$ oder (unter Benutzung der Kreisgleichung)

$$(x_1 - a)(x - a) + (y_1 - b)(y - b) = r^2.$$

§ 51. **Tangente an Parabel, Ellipse, Hyperbel.**

a) $y^2 = 2px$; $2y\frac{dy}{dx} = 2p$; $\frac{dy}{dx} = \frac{p}{y}$; mithin Gleichung der Tangente $y - y_1 = \frac{p}{y_1}(x - x_1)$ oder (unter Benutzung der Parabelgleichung)

$$y_1 y = p(x + x_1).$$

b) $b^2x^2 + a^2y^2 = a^2b^2$; $2b^2x + 2a^2y\frac{dy}{dx} = 0$; $\frac{dy}{dx} = -\frac{b^2x}{a^2y}$; mithin Gleichung der Tangente $y - y_1 = -\frac{b^2x_1}{a^2y_1}(x - x_1)$ oder (unter Benutzung der Ellipsengleichung)

$$b^2x_1x + a^2y_1y = a^2b^2.$$

c) $b^2x^2 - a^2y^2 = a^2b^2$; man erhält entsprechend

$$b^2x_1x - a^2y_1y = a^2b^2.$$

§ 52. **Tangentengleichung für die allgemeine Gleichung 2. Grades.**

$$Ax^2 + 2Bxy + Cy^2 + 2Dx + 2Ey + F = 0.$$

$2Ax + 2By + 2Bx\frac{dy}{dx} + 2Cy\frac{dy}{dx} + 2D + 2E\frac{dy}{dx} = 0$; $\frac{dy}{dx} = -\frac{Ax + By + D}{Bx + Cy + E}$; mithin Gleichung der Tangente $y - y_1$

$= -\frac{Ax_1 + By_1 + D}{Bx_1 + Cy_1 + E}(x - x_1)$ oder (unter Benutzung der Kurvengleichung)

$$Ax_1x + B(x_1y + y_1x) + Cy_1y + D(x_1 + x) + E(y_1 + y) + F = 0.$$

Anmerkung: Liegt der Punkt $[x_1, y_1]$ außerhalb der Kurve zweiten Grades, so stellt die vorstehende Gleichung die Gleichung der Berührungssehne der von ihm aus gezogenen Tangenten (der Polare des Punktes) dar.

Beweis. Die Gleichung $Ax_1x + B(x_1y + y_1x) + Cy_1y + D(x_1 + x) + E(y_1 + y) + F = 0$ stellt als Gleichung ersten Grades jedenfalls eine Gerade dar. Berühren nun die von P_1 gezogenen Tangenten die Kurve in P_2 und P_3, so sind ihre Gleichungen

$$Ax_2x + B(x_2y + y_2x) + Cy_2y + D(x_2 + x) + E(y_2 + y) + F = 0$$

und $Ax_3x + B(x_3y + y_3x) + Cy_3y + D(x_3 + x) + E(y_3 + y) + F = 0.$

Da aber der Punkt P_1 auf beiden Tangenten liegt, so müssen seine Koordinaten ihren Gleichungen genügen, d. h. es ist

$$Ax_2x_1 + B(x_2y_1 + y_2x_1) + Cy_2y_1 + D(x_2 + x_1) + E(y_2 + y_1) + F = 0$$

und

$$Ax_3x_1 + B(x_3y_1 + y_3x_1) + Cy_3y_1 + D(x_3 + x_1) + E(y_3 + y_1) + F = 0.$$

Die beiden letzten Gleichungen zeigen aber an, daß die Koordinaten von P_2 wie von P_3 der Gleichung

$$Ax_1x + B(x_1y + y_1x) + Cy_1y + D(x_1 + x) + E(y_1 + y) + F = 0$$

genügen, oder daß die durch diese Gleichung dargestellte Gerade durch P_2 und P_3 geht.

Daß diese Gleichung auch für den Fall, daß P_1 innerhalb der Kurve liegt, die Polare von P_1 bedeutet, ist schwieriger zu beweisen.

E. Geschwindigkeit und Beschleunigung.

§ 53. Bei einer gleichförmigen Bewegung versteht man unter der Geschwindigkeit des bewegten Körpers den in der Sekunde zurückgelegten Weg. Hat also der Körper nach t_1 Sekunden s_1 Meter und nach t_2 Sekunden s_2 Meter durchlaufen, so ist seine Geschwindigkeit

$$v = \frac{s_2 - s_1}{t_2 - t_1}.$$

Bei einer ungleichförmigen Bewegung versagt diese Erklärung, da sich ja innerhalb der ausgewählten Sekunde der Bewegungszustand ändert. Dagegen kann nach der vorstehenden Formel unter der Geschwindigkeit auch das Verhältnis des zurückgelegten Weges zu der dazu erforderlichen Zeit verstanden werden, und diese Definition läßt sich auf die Geschwindigkeit in einem bestimmten Zeitpunkt einer ungleichförmigen Bewegung übertragen, wofern man den Zeitraum nur verschwindend klein annimmt. Es ist demnach allgemein

$$v = \frac{ds}{dt} = s'.$$

§ 54. Unter der Beschleunigung versteht man bei der gleichmäßig beschleunigten Bewegung den Zuwachs an Geschwindigkeit in jeder Sekunde. Hat also der Körper nach t_1 Sekunden die Geschwindigkeit v_1 und nach t_2 Sekunden die Geschwindigkeit v_2 erlangt, so ist seine Beschleunigung $a = \frac{v_2 - v_1}{t_2 - t_1}$. Für jede andere ungleichförmige Bewegung paßt diese Erklärung indessen nicht, und man muß allgemein unter der Beschleunigung das Verhältnis der Geschwindigkeitsänderung zu der dazu erforderlichen Zeit verstehen, welch letztere verschwindend klein zu wählen ist. Es ist also

$$a = \frac{dv}{dt} = \frac{ds'}{dt} = s''.$$

§ 55. Beispiel: Für den freien Fall ist $s = \frac{1}{2} g t^2$, daher

$$v = \frac{ds}{dt} = gt \text{ und } a = \frac{dv}{dt} = g.$$

Vielfach ist aber von vornherein nicht der Weg, sondern wie im vorstehenden Beispiel, die Geschwindigkeit als Funktion der Zeit bekannt. Aus v oder $s' = gt$ folgt aber ohne weiteres $s = \frac{1}{2} g t^2 + \text{const.}$, da sich hieraus beim Differenzieren $s' = gt$ ergibt. Nun ist aber beim freien Fall für $t = 0$ auch $s = 0$; mithin muß die Konstante selbst gleich 0 gesetzt werden, und es ist $s = \frac{1}{2} g t^2$.

F. Krümmung der Kurven.

§ 56. Denkt man sich in einem Punkt $[x_1; y_1]$ der Kurve $y = f(x)$ die Tangente gezogen, so gibt es unzählig viele Kreise, die diese Tangente in dem ausgewählten Punkt gleichfalls berühren.

Alle diese Kreise haben daher dort eine Berührung erster Ordnung (vgl. § 36,4) mit der Kurve. Unter diesen Kreisen befindet sich aber nur ein einziger, der eine Berührung zweiter Ordnung mit der Kurve hat, bei dem also auch der zweite Differentialquotient mit dem zweiten Differentialquotienten der Kurve für den ausgewählten Punkt übereinstimmt. Der Halbmesser dieses Kreises heißt **Krümmungsradius**, sein reziproker Wert gibt die **Krümmung** der Kurve in dem betreffenden Punkt an. Die Gleichung dieses Kreises sei $(x-a)^2+(y-b)^2=r^2$.

Dann ist $2(x-a)+2(y-b)\,.\,y'=0$, also $y'=-\dfrac{x-a}{y-b}$ und

$$y''=-\frac{(y-b)-(x-a)\,y'}{(y-b)^2}=-\frac{r^2}{(y-b)^3}.$$ Es ist mithin

$$-\frac{x_1-a}{y_1-b}=f'(x_1) \text{ und } -\frac{r^2}{(y_1-b)^3}=f''(x_1),$$ woraus sich

$$y_1-b=-\sqrt[3]{\frac{r^2}{f''(x_1)}} \text{ und } x_1-a=f'(x_1)\,.\sqrt[3]{\frac{r^2}{f''(x_1)}}$$ ergibt. Hieraus folgt auf Grund der Kreisgleichung

$$(1)\quad r=\varepsilon\,.\,\frac{\sqrt{(1+f'(x_1)\,.\,f'(x_1))^3}}{f''(x_1)} \quad \text{oder}$$

$$(2)\quad \frac{1}{r}=\varepsilon\,.\,\frac{f''(x_1)}{\sqrt{(1+f'(x_1)\,.\,f'(x_1))^3}},$$

worin $\varepsilon=+1$ oder -1 zu setzen ist, je nachdem $f''(x_1)$ positiv oder negativ ist. Die Koordinaten des Kreismittelpunktes ergeben sich aus den Gleichungen für x_1-a und y_1-b.

§ 57. **Übungen.** 1. Wie groß sind die Krümmungsradien an den Scheiteln a) einer Parabel, b) einer Ellipse, c) einer Hyperbel?

2. Welchen größten Wert erreicht die Krümmung der Kurve $y=\sin x$, und wo ist dieses der Fall?

3. Desgl. für die Kurve $y=lx$.

4. Desgl. für die Kurve $y=ax^2+bx+c$.

5. Wie groß ist die Krümmung der Kurve $y=ax^3+bx^2+cx+d$ an den Punkten, wo y den größten und kleinsten Wert erreicht, und am Wendepunkt der Kurve?

6. Wo hat die Kurve $y=\dfrac{1}{x}$ die stärkste Krümmung, und wie groß ist dort der Krümmungsradius?

7. Wo hat die Kurve $y=x^3$ (vgl. Figur 2) die stärkste Krümmung, und wie groß ist dort der Krümmungsradius?

Zweiter Teil.
Analytische Geometrie der Ebene.

Erster Abschnitt: Punkt und Gerade.

§ 1. Rechtwinklige Koordinaten eines Punktes. Zwei aufeinander senkrechte Geraden einer Ebene bilden die Achsen (x-Achse und y-Achse) des Koordinatensystems. Zieht man durch einen Punkt P der Ebene die Parallelen zu den Achsen, so schneiden diese auf ihnen die Koordinaten des Punktes ab, und zwar auf der x-Achse die Abszisse ($OA = BP$), auf der y-Achse die Ordinate ($OB = AP$). Abszissen wie Ordinaten werden vom Schnittpunkt der Achsen, dem Koordinatenanfangspunkt, aus gerechnet, die ersteren nach rechts positiv, nach links negativ, die letzteren nach oben positiv, nach unten negativ. Durch die Lage des Punktes in der Ebene sind seine Koordinaten bestimmt, und ebenso durch seine Koordinaten die Lage des Punktes.

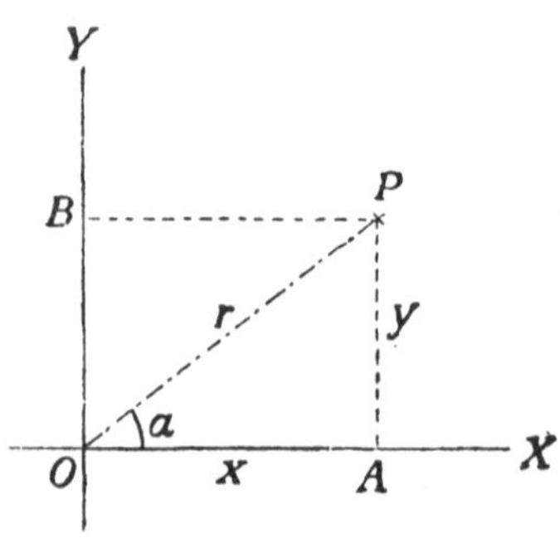

Fig. 14.

Anmerkung. 1. Bilden die Achsen schiefe Winkel miteinander, so erhält man in derselben Weise die schiefwinkligen Koordinaten des Punktes; die sonstigen Bezeichnungen sind die gleichen. 2. Verbindet man in Fig. 14 P mit O, so ist die Lage des Punktes P auch durch die Länge r des Fahrstrahls (Radiusvektors) und den Winkel $POA = \alpha$ bestimmt, den er mit der positiven Richtung der x-Achse bildet. Dieser Winkel (die Anomalie) wird durch eine Drehung von der positiven x-Achse aus nach der positiven y-Achse hin also entgegengesetzt zur Drehung des Uhrzeigers gemessen. r und α heißen die Polarkoordinaten des Punktes P. Es ist

$$(1) \qquad r = \sqrt{x^2 + y^2}; \ \sin\alpha = \frac{y}{r}; \ \cos\alpha = \frac{x}{r}.$$

§ 2. Übungen. 1. Zeichne (Längeneinheit = 1 cm) auf Koordinatenpapier (mm-Papier) die Punkte a) 2; 3; b) 5; −2; c) −4; −3; d) −4; 5.

2. Desgl. die Punkte a) −3,4; 2,5; b) 2,7; 3,2; c) 4,9; −1,4; d) −0,2; −3,6.

3. Welche Vorzeichen haben die Koordinaten eines Punktes in den einzelnen Quadranten?

4. Welche Lage haben die Punkte a) 0; 3,2; b) 0; −4,5; c) 2,8; 0; d) −3,7; 0; e) 0; 0?

5. Welche Lage haben alle Punkte, für die a) $x = 4$, b) $x = -3$, c) $y = 5$, d) $y = -2$, e) $x = 0$, f) $y = 0$ ist?

6. Welche Bedingung gilt also für eine Gerade, die parallel zur x-Achse läuft und a) 3 cm nach oben hin, b) 4,2 cm nach unten hin von ihr entfernt ist? Welche Bedingungen gelten entsprechend für Geraden, die zur y-Achse parallel sind?

7. Welche Bedingung gilt a) für die x-Achse, b) für die y-Achse selbst?

8. Welche Lage haben die Punkte unter 1), 2) und 4), wenn die Achsen einen Winkel von 60° miteinander bilden?

9. Welches sind die Polarkoordinaten der Punkte unter 1), 2) und 4)?

10. Die Punkte zu zeichnen, deren Polarkoordinaten a) $r = 4$; $\alpha = 45°$; b) $r = 3,2$; $\alpha = 112°$; c) $r = 4,6$; $\alpha = 304°$; d) $r = 5,2$; $\alpha = 225°$ sind.

11. Wie erkennt man an den Polarkoordinaten, in welchem Quadranten der Punkt liegt?

12. Welche Lage haben alle Punkte, für die $r = 5$ cm ist?

13. Welche Lage haben alle Punkte, für die $\alpha = 52°$ ist?

§ 3. Aufgabe. Die Entfernung zweier Punkte zu bestimmen.

Auflösung. Aus dem Dreieck $P_1 P_2 B$ folgt

$$(2) \qquad P_1 P_2 = \sqrt{(x_1 - x_2)^2 + (y_1 - y_2)^2}.$$

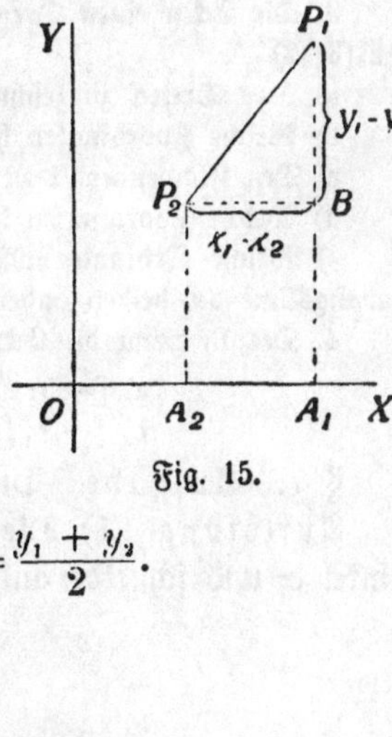

Fig. 15.

§ 4. Aufgabe. Die Koordinaten des Halbierungspunktes einer Strecke zu bestimmen, von der die Koordinaten der Endpunkte x_1, y_1 und x_2, y_2 gegeben sind.

Auflösung. Die gesuchten Koordinaten x_3, y_3 sind als Mittellinien in Trapezen

$$(3) \qquad x_3 = \frac{x_1 + x_2}{2}, \ y_3 = \frac{y_1 + y_2}{2}.$$

§ 5. **Aufgabe.** Den Flächeninhalt eines Dreiecks aus den Koordinaten seiner Ecken zu berechnen.

Auflösung. Es ist $\triangle = P_1 P_2 Q_2 Q_1 + P_1 P_3 Q_3 Q_1 - P_2 P_3 Q_3 Q_2$

$$= \frac{y_1 + y_2}{2}(x_1 - x_2) + \frac{y_1 + y_3}{2}(x_3 - x_1) - \frac{y_2 + y_3}{2}(x_3 - x_2),$$ also

$$2\triangle = x_1 y_1 + x_1 y_2 - x_2 y_1 - x_2 y_2 + x_3 y_1 + x_3 y_3 - x_1 y_1 - x_1 y_3 - x_3 y_2 - x_3 y_3 + x_2 y_2 + x_2 y_3 = x_1 y_2 - x_2 y_1 + x_2 y_3 - x_3 y_2 + x_3 y_1 - x_1 y_3,$$

$$(4) \quad 2\triangle = x_1(y_2 - y_3) + x_2(y_3 - y_1) + x_3(y_1 - y_2).$$

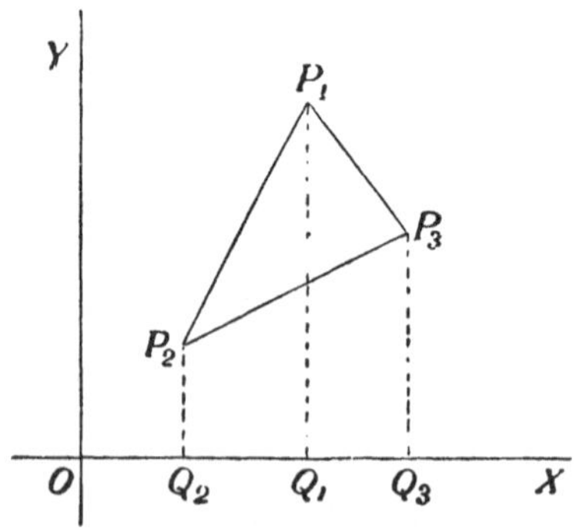

Fig. 16.

Diese Formel gilt aber nur, wenn die Punkte P_1, P_2, P_3 im Sinne einer positiven Drehung aufeinander folgen, wie sich leicht zeigen läßt, wenn man P_2 mit P_3 vertauscht.

Liegen die drei Punkte in derselben Geraden, so wird $\triangle = 0$; die Bedingung hierfür ist also:

$$(5) \quad x_1(y_2 - y_3) + x_2(y_3 - y_1) + x_3(y_1 - y_2) = 0.$$

§ 6. **Übungen.** 1. Welchen Abstand haben die Punkte a) 13; 1 und 3; −2; b) −9; −5 und 2; −1?

2. Welche Koordinaten hat der Punkt, der die Verbindungsstrecke der Punkte P_1 und P_2 im Verhältnis $m:n$ teilt?

3. Die Ecken eines Dreiecks haben die Koordinaten [−4; −3], [−2; 5] und [3; 2].

a) Das Dreieck zu zeichnen.

b) Welche Koordinaten haben die Mitten der Seiten?

c) Den Flächeninhalt zu berechnen.

d) Welche Koordinaten hat der Schwerpunkt des Dreiecks?

e) Welche Ordinate müßte der dritte Eckpunkt besitzen, um in die Verbindungslinie der beiden anderen zu fallen?

4. Desgl., wenn die Eckpunkte die Koordinaten

a) [−5; 2], [3; −3] und [2; 4],

b) [−2; 1], [6; −3] und [1; 5] haben.

§ 7. **Aufgabe.** Die Gleichung einer Geraden aufzustellen.

Auflösung. 1) Die Gerade L habe zur x-Achse den Neigungswinkel α und schneide auf der y-Achse die Strecke n ab. Ist P ein beliebiger Punkt der Geraden und $BD \parallel OC$, so ist $\sphericalangle PBD = \alpha$ und $\operatorname{tg} \alpha = \frac{PD}{BD} = \frac{y-n}{x}$, daher, wenn $\operatorname{tg}\alpha$ mit M bezeichnet wird,

(6) $y = Mx + n$

die Gleichung der Geraden.

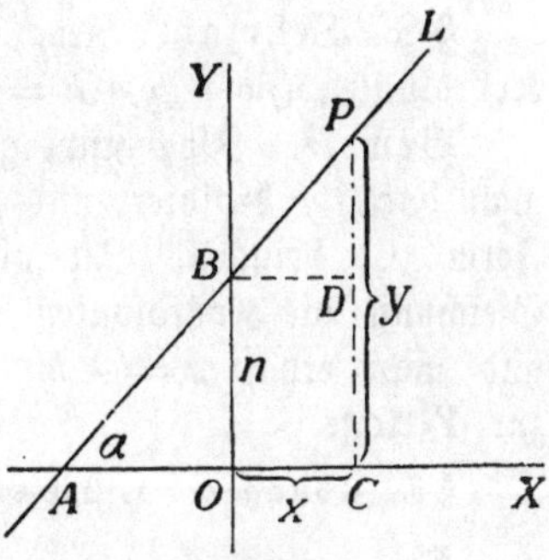

Fig. 17.

Geht die Gerade durch den Anfangspunkt, so ist ihre Gleichung

(6a) $y = Mx$.

2) Die Gerade L schneide auf der X-Achse die Strecke $OA = a$ und auf der Y-Achse die Strecke $OB = b$ ab wie in Fig. 18. P sei ein beliebiger Punkt der Geraden. Fällt man auf OY das Lot PR, so ist $RP = x$, $OR = y$, $RB = b - y$, und es ergibt sich $x : a = (b - y) : b$, also

(7) $\frac{x}{a} + \frac{y}{b} = 1$.

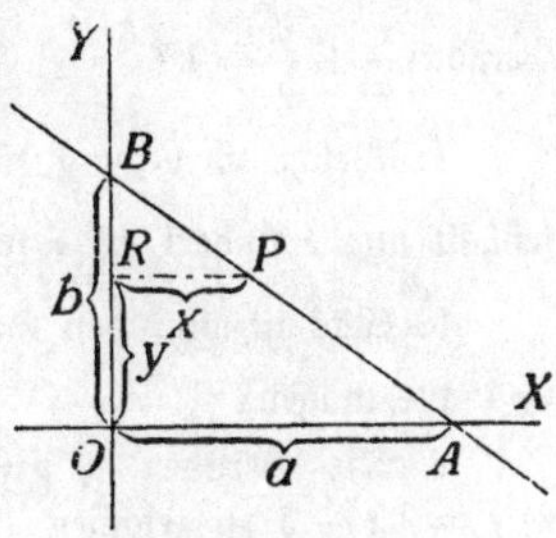

Fig. 18.

3) Liegt ein Punkt $[x_1; y_1]$ auf der Geraden $y = Mx + n$, so müssen seine Koordinaten ihrer Gleichung genügen, d. h. es muß $y_1 = Mx_1 + n$ sein, und durch Subtraktion ergibt sich

(8) $y - y_1 = M(x - x_1)$

als Gleichung einer Geraden durch den Punkt x_1, y_1. Daß M hierin noch alle möglichen Werte annehmen kann, ist der arithmetische Ausdruck für die Tatsache, daß durch einen Punkt unzählig viele Geraden möglich sind.

4) Liegt aber außerdem noch der Punkt x_2, y_2 auf der Geraden, so ist nicht nur $y_1 = Mx_1 + n$ sondern auch $y_2 = Mx_2 + n$, und es ist $y_1 - y_2 = M(x_1 - x_2)$, also $M = \frac{y_1 - y_2}{x_1 - x_2}$. Die Gleichung einer durch zwei Punkte gehenden Geraden ist demnach:

(9) $y - y_1 = \frac{y_1 - y_2}{x_1 - x_2} \cdot (x - x_1)$.

§ 8. Lehrsatz. Jede Gleichung ersten Grades zwischen den Koordinaten ($fx+gy+h=0$) stellt eine Gerade dar.

Beweis. Ist g nicht gleich 0, so läßt sich die Gleichung, indem man durch g dividiert und $f:g=-M$, $h:g=-n$ setzt, auf die Form (6) bringen. Ist aber $g=0$, so muß f, weil sonst die Gleichung die Koordinaten nicht enthielte, von 0 verschieden sein, und man erhält $x=-h:f$, d. h. die Gleichung einer Parallelen zur Y-Achse.

§ 9. **Übungen.** 1. Die Geraden a) $\frac{x}{4}+\frac{y}{3}=1$; b) $-\frac{x}{2}+\frac{y}{3}=1$; c) $-\frac{x}{5}-y=1$; d) $\frac{x}{2}-\frac{y}{4}=1$ zu zeichnen.

2. Desgl. die Geraden a) $2x+3y=4$; b) $3x-y=1$; c) $-x+\frac{2}{3}y=2$; d) $\frac{1}{2}x+\frac{1}{3}y=2$.

3. Welchen Einfluß haben die Vorzeichen von a und b auf die Lage der Geraden $\frac{x}{a}+\frac{y}{b}=1$?

4. Welche Bewegung führt die Gerade $\frac{x}{a}+\frac{y}{b}=1$ aus, wenn man a) a festhält und b ändert, b) b festhält und a ändert?

5. Was ist von den Geraden $\frac{x}{a}+\frac{y}{b}=1$ und $\frac{x}{2a}+\frac{y}{2b}=1$ bezw. $\frac{x}{na}+\frac{y}{nb}=1$ auszusagen?

6. Die Geraden a) $y=3x+4$; b) $y=-\frac{1}{2}x+3$; c) $y=-2x-\frac{1}{2}$; d) $y=\frac{2}{3}x-5$ zu zeichnen.

7. Welche Strecken schneiden diese Geraden auf der x-Achse ab?

8. Was gilt von den Geraden $y=Mx+n$ und $y=Mx+p$?

9. Die Gleichungen in 1) und 2) auf die Form $y=Mx+n$ zu bringen.

10. Welche Lage hat die Gerade $y=Mx+n$ je nach den Vorzeichen von M und n?

11. Welche Bewegung führt die Gerade $y=Mx+n$ aus, wenn man a) M festhält und n ändert, b) n festhält und M ändert?

12. Welche Gleichung haben alle Geraden, die durch den Punkt [3; 2] gehen? Welche Gleichung im besonderen, wenn die Gerade außerdem a) durch den Anfangspunkt geht, b) der Geraden $y=\frac{1}{2}x-5$ parallel ist, c) einen Winkel von 45° mit der x-Achse bildet, d) auf der x-Achse eine Strecke von 4 Einh. abschneidet?

13. Welche Gerade geht durch die Punkte [−3; 2] und [4; −3]? Welche Strecken schneidet sie auf den Achsen ab?

14. Welche Ordinaten haben die Punkte der Geraden $y=-3x+2$, deren Abszissen a) 5, b) −3, c) $2\frac{1}{2}$, d) −1,2 sind, und welche Abszissen die Punkte, deren Ordinaten e) 4, f) $-1\frac{1}{2}$, g) 3,4, h) −2,5 sind?

§ 10. Aufgabe. Die Koordinaten des Schnittpunktes zweier Geraden zu bestimmen.

Auflösung. Die Gleichungen der Geraden seien $y = M_1 x + n_1$ und $y = M_2 x + n_2$. Die Koordinaten des Schnittpunktes x_1, y_1 müssen beiden Gleichungen genügen, daher $y_1 = M_1 x_1 + n_1$; $y_1 = M_2 x_1 + n_2$. Hieraus ergibt sich $x_1 = \frac{n_2 - n_1}{M_1 - M_2}$ und $y_1 = \frac{M_1 n_2 - M_2 n_1}{M_1 - M_2}$.

Bemerkung. Soll eine dritte Gerade $y = M_3 x + n_3$ durch denselben Schnittpunkt gehen, so müssen dessen Koordinaten auch dieser Gleichung genügen, d. h. es muß $\frac{M_1 n_2 - M_2 n_1}{M_1 - M_2} = M_3 \cdot \frac{n_2 - n_1}{M_1 - M_2} + n_3$ oder

$$(10) \quad M_1(n_2 - n_3) + M_2(n_3 - n_1) + M_3(n_1 - n_2) = 0$$

sein. Dies ist daher die Bedingung dafür, daß die drei Geraden durch einen Punkt gehen.

§ 11. Aufgabe. Den Winkel zwischen zwei Geraden zu berechnen.

Auflösung. Der Winkel δ zwischen den Geraden $y = M_1 x + n_1$ und $y = M_2 x + n_2$ ist gleich $\alpha_1 - \alpha_2$, daher $\operatorname{tg} \delta = \operatorname{tg}(\alpha_1 - \alpha_2)$ oder

$$(11) \quad \operatorname{tg} \delta = \frac{M_1 - M_2}{1 + M_1 M_2}.$$

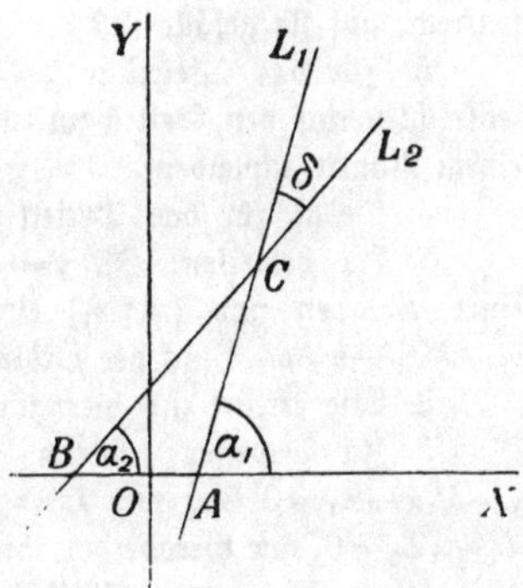

Fig. 19.

Folgerungen. 1) Die Geraden sind parallel, wenn $M_1 = M_2$ ist. 2) Die Geraden stehen aufeinander senkrecht, wenn $1 + M_1 M_2 = 0$, oder

$$(12) \quad M_2 = -\frac{1}{M_1} \text{ ist.}$$

§ 12. Aufgabe. Die Länge des von einem gegebenen Punkt auf eine gegebene Gerade gefällten Lotes zu bestimmen.

Auflösung. Die Gerade habe die Gleichung $y = Mx + n$, dann ist die Gleichung des von dem Punkt $[x_1; y_1]$ gefällten Lotes nach (8) und (12): $y - y_1 = -\frac{1}{M}(x - x_1)$. Die Koordinaten des Fußpunkts des Lotes müssen beiden Gleichungen genügen und ergeben sich hieraus. Alsdann erhält man nach (2) als Länge des Lotes

$$(13) \quad p = \varepsilon \cdot \frac{y_1 - Mx_1 - n}{\sqrt{M^2 + 1}},$$

worin $\varepsilon = \pm 1$ ist, je nachdem der Zähler des Bruches positiv oder negativ ist.

§ 13. **Übungen.** 1. Welche Koordinaten besitzen die Eckpunkte eines Dreiecks, dessen Seiten die Gleichungen $y = 2x + 3$, $y = -3x - 5$ und $y = 4x - 1$ haben?

2. Welche Gleichung und welche Länge hat das von dem Punkte [3; 4] auf die Gerade $y = \frac{1}{2}x - 5$ gefällte Lot?

3. a) Welche Gleichung hat das auf der Verbindungsstrecke der Punkte [— 3; 2] und [4; — 3] errichtete Mittellot? b) Welche Gleichung und welche Länge hat das vom Anfangspunkt auf jene Strecke gefällte Lot? c) In welchem Verhältnis teilt es die Verbindungsstrecke? d) Welche Gleichung haben die Lote, die in den Schnittpunkten der Verbindungsstrecke mit den Achsen auf ihr errichtet sind.

4. Eine Gerade hat die Gleichung $y = -2x + 3$. Welche Gleichung hat die Gerade, die a) im Schnitt mit der y-Achse, b) im Schnitt mit der x-Achse auf ihr senkrecht steht, c) ihr parallel durch den Punkt [4; 5], d) ihr parallel durch den Anfangspunkt geht, e) vom Anfangspunkt, f) vom Punkt [— 4; — 3] senkrecht auf sie gefällt ist?

5. Für das Dreieck in § 6,3 die Gleichungen a) der Höhen, b) der Mittelsenkrechten auf den Seiten aufzustellen und zu zeigen, daß diese Geraden sich in einem Punkte schneiden.

6. Desgl. für das Dreieck in § 13,1.

7. Zu beweisen: Ist $y = Mx + n$ oder $y - Mx - n = 0$ die Gleichung einer Geraden und $[x_1; y_1]$ ein Punkt außerhalb der Geraden, so bedeutet $y_1 - Mx_1 - n$ das Stück der Ordinate dieses Punktes, das über der Geraden liegt.

8. Wie erklärt sich hiernach die Formel (13)?

9. Zu beweisen: Wenn man die Gleichungen $y - M_1 x - n_1 = 0$ und $y - M_2 x - n_2 = 0$ kurz mit $L_1 = 0$ und $L_2 = 0$ bezeichnet, so stellt die Gleichung $L_1 + \lambda L_2 = 0$ eine Gerade dar, die durch den Schnittpunkt der beiden anderen geht.

10. Welche geometrische Bedeutung hat λ nach 7?

11. Welche Lage hat die Gerade $L_1 + L_2 = 0$ zu den Geraden $L_1 = 0$ und $L_2 = 0$?

12. Die Gleichung der Geraden (mit Hülfe von 9) zu bestimmen, die durch den Schnittpunkt der Geraden $y = -\frac{3}{4}x + \frac{5}{4}$ und $y = \frac{1}{2}x - \frac{3}{4}$ geht und a) durch den Punkt [5; — 2] geht, b) auf der Geraden $y = 3x - 1$ senkrecht steht, c) der Geraden $y = -x - \frac{1}{2}$ parallel ist, d) auf der x-Achse eine Strecke von $2\frac{1}{2}$ Längeneinheiten abschneidet, e) die Verbindungsstrecke der Punkte [4; 6] und [5; — 3] halbiert, f) einen Neigungswinkel von 135° mit der x-Achse bildet.

13. Die Aufgabe 6 mit Hülfe von 9 zu lösen.

14. Die Gleichungen für die Halbierungslinien der Winkel aufzustellen, die von den Geraden $y = M_1 x + n_1$ und $y = M_2 x + n_2$ gebildet werden (vgl. 9 und § 12, (13)).

15. Welches sind die Gleichungen der Winkelhalbierenden für die Dreiecke in § 6,3 und § 13,1?

Zweiter Abschnitt: Der Kreis.

§ 14. Aufgabe. Die Gleichung eines Kreises vom Halbmesser r zu bestimmen, dessen Mittelpunkt die Koordinaten a und b besitzt.

Auflösung. Nach Figur 20 ergibt sich ohne weiteres als Kreisgleichung:

(14) $(x-a)^2+(y-b)^2=r^2$.

Berührt der Kreis die y-Achse im Anfangspunkt, so ist $b=0$ und $a=r$, daher die Scheitelgleichung des Kreises

(15) $y^2=2rx-x^2$.

Fällt der Mittelpunkt aber in den Anfangspunkt, so ergibt sich als Mittelpunktsgleichung des Kreises

(16) $x^2+y^2=r^2$.

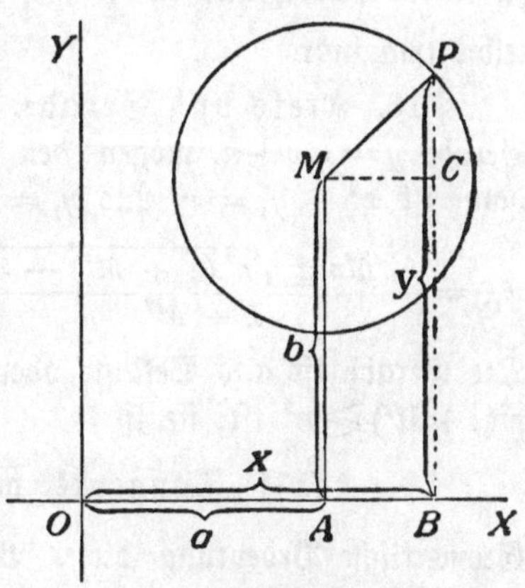

Fig. 20.

Diskussion der Mittelpunktsgleichung für a) $x=0$; b) $y=0$; c) $x=p\ (<r)$; d) $y=q\ (<r)$; e) x abnehmend von $+r$ bis $-r$; f) y abnehmend von $+r$ bis $-r$. Die Mittelpunktsgleichung ist dabei auf die Form $y=\pm\sqrt{r^2-x^2}$ oder $x=\pm\sqrt{r^2-y^2}$ zu bringen.

§ 15. Lehrsatz: Jede Gleichung zweiten Grades zwischen x und y, bei der das Glied mit xy fehlt und die Koeffizienten von x^2 und y^2 gleich sind, stellt einen Kreis dar (der allerdings unter Umständen zu einem Punkt zusammenschrumpfen oder imaginär sein kann).

Beweis. Wenn $Ax^2+Ay^2+Bx+Cy+D=0$ ist, so dividiert man durch A und erhält eine Gleichung von der Form $x^2+y^2+px+qy+c=0$. Durch Hinzufügung der quadratischen Ergänzungen $\left(\frac{p}{2}\right)^2$ und $\left(\frac{q}{2}\right)^2$ ergibt sich $\left(x+\frac{p}{2}\right)^2+\left(y+\frac{q}{2}\right)^2=-c+\frac{p^2}{4}+\frac{q^2}{4}$.

Diese Geichung stellt aber offenbar einen Kreis dar, dessen Halbmesser

$r=\sqrt{\frac{p^2}{4}+\frac{q^2}{4}-c}$ ist und dessen Mittelpunktskoordinaten $a=-\frac{p}{2}$ und $b=-\frac{q}{2}$ sind. Ist $\frac{p^2}{4}+\frac{q^2}{4}=c$, so wird $r=0$, der Kreis also zu einem Punkt, und ist $\frac{p^2}{4}+\frac{q^2}{4}<c$, so wird r und damit der Kreis selbst imaginär.

§ 16. **Kreis und Gerade.** Der Kreis $x^2+y^2=r^2$ und die Gerade $y=Mx+n$ mögen den Punkt $[x_1;\ y_1]$ gemeinsam haben; dann ist $x_1^2+y_1^2=r^2$ und $y_1=Mx_1+n$, mithin

$$x_{1,2}=\frac{-Mn\pm\sqrt{r^2(1+M^2)-n^2}}{1+M^2},\quad y_{1,2}=\frac{n\pm M\sqrt{r^2(1+M^2)-n^2}}{1+M^2}.$$

Die Gerade ist also Sekante oder liegt außerhalb des Kreises, wenn $r^2(1+M^2)\gtrless n^2$ ist; sie ist

(17) **Tangente**, wenn $r^2(1+M^2)=n^2$.

Geometrische Bedeutung dieser Bedingung: Setzt man $M=\operatorname{tg}\alpha$, so muß $r^2=n^2\cos^2\alpha$ oder $r=n\cos\alpha$ sein. Der Halbmesser ist also gleich dem vom Anfangspunkt auf die Gerade gefällten Lot.

§ 17. **Aufgabe.** Die Gleichung der Tangente in einem Punkt des Kreises aufzustellen.

Lösung. 1) Sind $[x_1;\ y_1]$ und $[x_2;\ y_2]$ zwei Punkte des Kreises $x^2+y^2=r^2$, so ist die Gleichung der durch diese Punkte gehenden Sekante $y-y_1=\frac{y_1-y_2}{x_1-x_2}(x-x_1)$. Da aber $x_1^2+y_1^2=r^2$, und $x_2^2+y_2^2=r^2$, so ergibt sich $(x_1^2-x_2^2)+(y_1^2-y_2^2)=0$ oder $\frac{y_1-y_2}{x_1-x_2}=-\frac{x_1+x_2}{y_1+y_2}$, mithin als Gleichung der Sekante $y-y_1=-\frac{x_1+x_2}{y_1+y_2}(x-x_1)$. Dreht man nun die Sekante um den Punkt $[x_1;\ y_1]$, bis die beiden Punkte zusammenfallen, so ergibt sich als

(18) **Gleichung der Tangente** $x_1x+y_1y=r^2$.

2) Siehe I § 50.

Bemerkung. Entsprechend kann man als Tangentengleichungen erhalten bei der allgemeinen Kreisgleichung

$$(18a)\quad (x_1 - a)(x - a) + (y_1 - b)(y - b) = r^2$$

und bei der Scheitelgleichung des Kreises

$$(18b)\qquad y_1 y = r(x_1 + x) - x_1 x.$$

Bildungsgesetz!

§ 18. 1) Erklärungen. Normale ist das auf der Tangente im Berührungspunkt errichtete Lot. Unter der Länge der Tangente und der Normale versteht man ihre Abschnitte vom Berührungspunkt bis zur x-Achse und unter Subtangente und Subnormale deren Projektionen auf die x-Achse.

2) Man erhält leicht als Gleichung der Normale $y = \frac{y_1}{x_1} x$, als Länge der Tangente Tang. $= \frac{r y_1}{x_1}$, als Länge der Normale Norm. $= r$, als Subtangente Subtang. $= \frac{y_1^2}{x_1}$ und als Subnormale Subnorm. $= x_1$. Welche geometrische Bedeutung haben diese Ergebnisse?

§ 19. Übungen. 1. Welcher Kreis in der Mittelpunktslage geht durch den Punkt [4; 2]?

2. Welcher Kreis berührt die y-Achse im Anfangspunkt und geht durch den Punkt [5; — 4]?

3. Welcher Kreis berührt die x-Achse im Anfangspunkt und geht durch den Punkt [— 6; — 4]?

4. Welcher Kreis berührt beide Achsen und geht durch den Punkt [— 4; — 3]?

5. Welcher Kreis berührt die y-Achse und geht durch die Punkte [4; 6] und [2; — 4]? Wo schneidet er die x-Achse?

6. Welcher Kreis berührt die x-Achse und schneidet die y-Achse in den Punkten + 2 und + 8?

7. Welcher Kreis berührt die x-Achse im Punkte — 5 und schneidet auf der positiven y-Achse eine Sehne von 4 Längeneinheiten ab?

8. Welcher Kreis schneidet die x-Achse in den Punkten + 6 und — 1 und die y-Achse im Punkte — 5? Wo schneidet er die y-Achse außerdem noch?

9. Welcher Kreis schneidet die y-Achse in den Punkten + 6 und — 2 und geht durch den Punkt [5; 3]? Wo schneidet er die x-Achse?

10. Welcher Kreis geht durch die Punkte [0; 0], [— 4; 6] und [3; 2], und in welchen Punkten schneidet er die Achsen?

11. Welcher Kreis trifft die y-Achse in den Punkten + 5 und — 7 und schneidet auf der x-Achse eine Sehne von 16 Längeneinheiten ab?

12. Welcher Kreis geht durch die Punkte [5; 2], [— 4; — 3] und [5; — 1]?

13. In den Aufgaben 6—12 ist der Punkt des Kreises festzustellen, der dem Anfangspunkt am nächsten liegt, und der Punkt, der von ihm am weitesten entfernt ist.

Anleitung. Die durch den Anfangspunkt gehende Zentrale liefert die beiden Punkte. Die Aufgabe kann aber auch als Maximum- und Minimum-Aufgabe behandelt werden.

14. Welcher Punkt des Kreises $x^2 + y^2 = 25$ liegt dem Punkte [8; 6] am nächsten, und welcher Punkt ist von ihm am weitesten entfernt?

15. Welche Punkte des Kreises $(x - 4)^2 + (y - 3)^2 = 36$ haben von der Geraden $y = 2x + 3$ die größte und die kleinste Entfernung? Wie groß sind diese Entfernungen?

16. Welche Punkte der beiden Kreise $x^2 + y^2 = 4$ und $(x + 12)^2 + (y - 5)^2 = 25$ haben die größte und die kleinste Entfernung voneinander, und wie groß sind diese Abstände?

17. Die Kreise

a) $x^2 + 12x + y^2 - 8y = 12$;

b) $x^2 - 5x + y^2 - 6 = 0$;

c) $3x^2 + 8x + 3y^2 + 10y = 7\frac{2}{3}$

näher zu untersuchen und ihre Durchschnittspunkte mit den Achsen zu bestimmen.

18. Die Schnittpunkte der Geraden $y = 2x + 3$ mit den Kreisen in Aufg. 17 zu bestimmen und die Länge der abgeschnittenen Sehne zu berechnen.

19. Welche Gleichung hat die Tangente des Kreises $x^2 + y^2 = 169$

a) in dem Punkt, dessen Ordinate negativ und dessen Abszisse gleich -5 ist,

b) die der Geraden $y = \frac{1}{2}x - 4$ parallel ist,

c) die auf der Geraden $y = \frac{1}{2}x - 4$ senkrecht steht,

d) die mit der positiven Richtung der x-Achse einen Winkel von 45° bildet,

e) die auf der positiven x-Achse eine Strecke von $17\frac{1}{3}$ Längeneinheiten abschneidet.

f) die durch den Punkt $[26; 3\frac{1}{4}]$ geht?

20. Welcher Kreis in Mittelpunktslage berührt a) die Gerade $y = 3x - 4$, b) die Gerade $\frac{x}{3} - \frac{y}{5} = 1$?

21a. Welcher Kreis berührt die y-Achse im Anfangspunkt und außerdem die Gerade $y = x - 6$?

21b. Welcher Kreis berührt die x-Achse im Anfangspunkt und außerdem die Gerade $y = -\frac{2}{3}x - \frac{16}{3}$?

22. Welcher Kreis berührt beide Achsen und außerdem die Gerade $y = 2x + 8$?

23. Welcher Kreis berührt die Seiten des Dreiecks, dessen Ecken die Koordinaten [0; 0], [0; 8] und [3; 6] haben?

24. Welchen Winkel bilden die beiden Tangenten miteinander, die man von dem Punkt [6; 6] an den Kreis $x^2 + y^2 = 16$ ziehen kann?

25. Zu beweisen, daß die Gleichung $x_1 x + y_1 y = r^2$ die Polare des Punktes $[x_1; y_1]$ in Bezug auf den Kreis $x^2 + y^2 = r^2$ darstellt, wenn dieser Punkt a) außerhalb b) innerhalb des Kreises liegt.

Anleitung. a) Berühren die von $[x_1; y_1]$ gezogenen Tangenten den Kreis in P_2 und P_3, so sind ihre Gleichungen $x_2 x + y_2 y = r^2$ und $x_3 x + y_3 y = r^2$, denen die Koordinaten x_1 und y_1 genügen müssen. Setzt man diese ein, so erkennt man, daß der gegebenen Gleichung sowohl die Koordinaten von P_2 wie auch von P_3 genügen, daß sie also die durch P_2 und P_3 gehende Gerade darstellt.

b) Liegt P_1 innerhalb des Kreises, so bestimme man die Gleichung der durch P_1 gehenden, auf der Zentrale von P_1 senkrechten Geraden und betrachte diese Gerade als Polare eines außerhalb gelegenen Punktes P_4 (vgl. Aufg. 26), dessen Koordinaten ebenfalls zu bestimmen sind. Die auf der Zentrale von P_4 in diesem Punkt senkrechte Gerade stellt alsdann die Polare von P_1 dar.

26. Welcher Punkt hat die Gerade $y = \frac{1}{2}x - 3$ als Polare in Bezug auf den Kreis $x^2 + y^2 = 25$?

27. Zu beweisen, daß die Polare sich parallel verschiebt, wenn der Pol sich auf der Zentrale bewegt (und umgekehrt).

28. Zu beweisen, daß, wenn der Pol sich auf einer Geraden bewegt, die Polare sich um den Pol dieser Geraden dreht (und umgekehrt).

Anleitung: Der Pol $[x_1; y_1]$ bewege sich auf der Geraden $x_2x + y_2y = r^2$ deren Pol $[x_2; y_2]$ ist.

29. Bei welchem Kreis in Mittelpunktslage schneidet die Polare des Punktes $[5; 6]$ auf der y-Achse eine Strecke von 4 Längeneinheiten ab?

30. Bei welchem Kreis in Mittelpunktslage ist der Pol der Geraden $y = -\frac{1}{2}x + 3$ vom Mittelpunkt um 8 Längeneinheiten entfernt?

31. Zu beweisen, daß die Mittelpunkte paralleler Sehnen auf einem Durchmesser liegen und daß die Tangenten in den Endpunkten dieses Durchmessers jenen Sehnen parallel sind.

32. Ist $(x-a)^2 + (y-b)^2 = r^2$ die Gleichung eines Kreises, so bedeutet $K = (x-a)^2 + (y-b)^2 - r^2$ für einen nicht auf dem Kreise liegenden Punkt die Potenz dieses Punktes in Bezug auf den Kreis, d. h. bei einem äußeren Punkt das Quadrat der von ihm aus gezogenen Tangente und bei einem inneren Punkt das negative Quadrat über der Hälfte der durch ihn gehenden kürzesten Sehne.

33. Sind $K_1 = 0$ und $K_2 = 0$ die Gleichungen zweier Kreise und λ eine Konstante, so ist $K_1 + \lambda K_2 = 0$ die Gleichung eines Kreises, der durch die Schnittpunkte der beiden andern geht. Welche geometrische Bedeutung hat λ (nach 32), und welche geometrische Eigenschaft kommt daher allen Punkten des dritten Kreises zu?

34. Welche geometrische Bedeutung hat im besonderen die Gleichung $K_1 - K_2 = 0$ und welche geometrische Eigenschaft die hierdurch dargestellte Linie?

35. Die Gleichung der Chordalen der drei Kreise in Aufg. 17 zu bestimmen und zu zeigen, daß sie sich in einem Punkte schneiden.

36. Denselben Beweis allgemein zu liefern.

Dritter Abschnitt: Die Parabel.

§ 20. 1) Aufgabe. Den geometrischen Ort für alle Punkte zu bestimmen, die von einer gegebenen Geraden L und einem gegebenen Punkt F gleich weit entfernt sind.

Auflösung. Die von F auf L gefällte Senkrechte habe die Länge p und treffe L in A. Der Mittelpunkt O von AF gehört der gesuchten Linie an und sei Anfangspunkt des Koordinatensystems, OF die x-Achse und die Senkrechte in O auf AF die y-Achse. Ist nun P ein beliebiger Punkt der gesuchten Linie und $PB \perp L$, $PC \perp OX$, so ist $PB = PF$ oder $\left(x+\frac{p}{2}\right)^2 = y^2 + \left(x-\frac{p}{2}\right)^2$, mithin

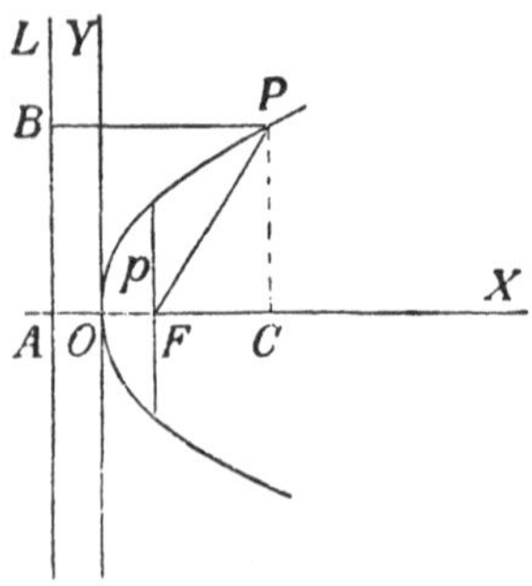

Fig. 21.

$$(19)\quad y^2 = 2px$$

ihre Gleichung.

2) Erklärungen. Diese Linie heißt Parabel; L ist ihre Leitlinie, F ihr Brennpunkt, O ihr Scheitel, OX ihre Achse, die auf der Achse in F senkrecht stehende Sehne der Parameter $(2p)$ der Parabel. Jede Verbindungsstrecke eines Parabelpunktes mit dem Brennpunkt heißt Brennstrahl.

Die Länge eines Brennstrahls ist daher

$$(20)\quad r = x + \frac{p}{2}.$$

3) Diskussion der Parabelgleichung: 1) für $x = 0$, 2) für wachsende x, 3) für ein bestimmtes x $(= q)$.

Da sich hiernach die Parabel als symmetrisch zur x-Achse ausweist, hat die y-Achse zwei zusammenfallende Punkte mit ihr gemeinsam und ist daher Tangente (Scheiteltangente).

4) Konstruktion der Parabel aus L und F.

Geometrische Örter für die Parabelpunkte:

a) die Parallele durch B zur Achse und das Mittellot auf BF,

b) die Parallele durch C zu L und der Kreisbogen mit AC um F.

§ 21. Aufgabe. Die Lage einer Geraden zu einer Parabel näher zu untersuchen.

Auflösung. Die Gerade $y = Mx + n$ und die Parabel $y^2 = 2px$ mögen den Punkt $[x_1; y_1]$ gemeinsam haben. Dann ist $y_1^2 = 2px_1$ und $y_1 = Mx_1 + n$, mithin $M^2x_1^2 + 2(Mn - p)\,x_1 = -n^2$. Diese Gleichung ist nur für $M = 0$, d. h. wenn die Gerade parallel zur Parabelachse läuft, vom ersten Grade. Eine solche Gerade, Durchmesser genannt, schneidet also die Parabel nur in einem Punkte (der zweite Schnittpunkt liegt im Unendlichen). In allen andern Fällen ist die Gleichung vom zweiten Grade, und zwar ist

$$x_{1,2} = \frac{p - Mn}{M^2} \pm \frac{1}{M^2}\sqrt{p(p - 2\,Mn)} \text{ und}$$

$y_{1,2} = \frac{p}{M} \pm \frac{1}{M}\sqrt{p(p-2\,Mn)}$. Ist also $p \gtreqless 2\,Mn$, so ist die Gerade Sekante, Tangente oder liegt außerhalb der Parabel; insbesondere ist

$$(21) \quad Mn = \frac{p}{2}$$

die Bedingung dafür, daß die Gerade Tangente ist.

Geometrische Bedeutung der Bedingung. Berücksichtigt man die Bedeutung von M und n (vgl. § 7), so läßt sich zeigen, daß das im Schnittpunkt der Geraden mit der y-Achse auf der Geraden errichtete Lot die x-Achse links vom Brennpunkt, im Brennpunkt oder rechts vom Brennpunkt trifft, je nachdem die Gerade Sekante oder Tangente ist oder außerhalb liegt. Oder: Die Projektion des Brennpunktes auf die Tangente liegt auf der Scheiteltangente. Umhüllungskonstruktion der Parabel. Konstruktion der Tangenten von einem Punkt außerhalb der Parabel.

§ 22. Aufgabe. Die Gleichung der Tangente in einem Punkte der Parabel abzuleiten.

Lösung. Sind $[x_1; y_1]$ und $[x_2; y_2]$ zwei Punkte der Parabel $y^2 = 2px$, so ist die Gleichung der durch sie gehenden Sekante $y - y_1 = \frac{y_1 - y_2}{x_1 - x_2}(x - x_1)$. Da aber $y_1^2 = 2px_1$ und $y_2^2 = 2px_2$ ist, so ist $y_1^2 - y_2^2 = 2p\,(x_1 - x_2)$ oder $\frac{y_1 - y_2}{x_1 - x_2} = \frac{2\,p}{y_1 + y_2}$. Mithin ist die Gleichung der Sekante $y - y_1 = \frac{2\,p}{y_1 + y_2}(x - x_1)$. Dreht man nun die Sekante um den Punkt P_1, bis P_2 mit P_1 zusammenfällt, so wird sie zur Tangente, und man erhält als Gleichung der Tangente $y - y_1 = \frac{p}{y_1}(x - x_1)$ oder

$$(22) \quad y_1\,y = p\,(x_1 + x).$$

2) siehe I § 51.

Anmerkung: 1) Die Gleichung der Normale im Punkt $[x_1; y_1]$ ist $y - y_1 = -\frac{y_1}{p}(x - x_1)$.

2) Als Längen ergeben sich (vgl. Fig. 22): Tang. $= \sqrt{2x_1(2x_1 + p)}$, Norm. $= \sqrt{p(2x_1 + p)}$, Subtang. $= 2x_1$, Subnorm. $= p$. Welche geometrische Bedeutung haben diese Ergebnisse, und welche einfache Konstruktion der Tangente beruht auf dem letzten?

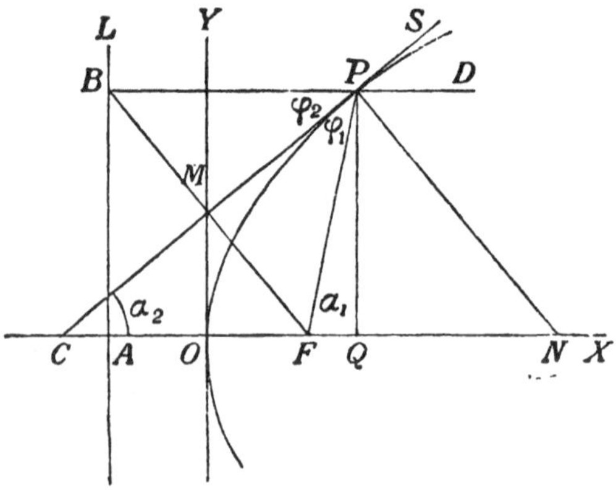

Fig. 22.

§ 23. Aufgabe. Die Lage der Tangente näher zu untersuchen. 1) (auf Grund von § 21). Entspricht Fig. 22 der Fig. 21 und schneidet BF die y-Achse in M, so ist, da $AO = OF$, auch $BM = MF$, mithin $PM \perp BF$. Daher ist PM Parabeltangente in P, mithin $\sphericalangle MPB = MPF$.

2) Es ist $\operatorname{tg}\alpha_1 = \frac{y_1}{x_1 - \frac{p}{2}}$ und $\operatorname{tg}\alpha_2 = \frac{p}{y_1}$, mithin $\operatorname{tg}\varphi_1$

$$= \frac{\operatorname{tg}\alpha_1 - \operatorname{tg}\alpha_2}{1 + \operatorname{tg}\alpha_1 \operatorname{tg}\alpha_2} = \frac{y_1^2 - px_1 + \frac{p^2}{2}}{x_1 y_1 - \frac{p}{2}y_1 + p y_1} = \frac{p\left(x_1 + \frac{p}{2}\right)}{y_1\left(x_1 + \frac{p}{2}\right)} = \frac{p}{y_1} = \operatorname{tg}\alpha_2.$$

Daher ist $\varphi_1 = \alpha_2$, also auch, da $\alpha_2 = \varphi_2$, $\varphi_1 = \varphi_2$.

Es ergibt sich daher der Lehrsatz:

Die Tangente halbiert den Winkel, der von dem Brennstrahl des Berührungspunktes und der Verlängerung des von ihm ausgehenden Durchmessers gebildet wird.

Welche geometrische Beziehungen lassen sich sonst noch aus der Figur ableiten? Konstruktion der Tangente.

§ 24. Aufgabe. Den geometrischen Ort für die Mittelpunkte paralleler Sehnen zu bestimmen.

Lösung. Die Parabelsehne verbinde die Punkte P_1 und P_2, dann ist ihre Richtungskonstante (nach § 22) gleich $\frac{2p}{y_1 + y_2}$ und ihr Mittelpunkt hat die Koordinaten $x_3 = \frac{x_1 + x_2}{2}$ und $y_3 = \frac{y_1 + y_2}{2}$. Wird nun die Sehne parallel verschoben, so ändert sich ihre Richtungskonstante nicht, mithin bleibt auch $y_1 + y_2$ und damit y_3 unveränderlich. Es gilt daher der

Lehrsatz: Die Mittelpunkte paralleler Sehnen einer Parabel liegen auf einem Durchmesser.

Anmerkung: Die Richtungskonstante der parallelen Sehnen ist $\frac{2p}{y_1 + y_2} = \frac{p}{y_3}$. Der Punkt, in dem der halbierende Durchmesser die Parabel schneidet, hat die Ordinate y_3, die Tangente in diesem Punkt also nach (22) die Richtungskonstante $\frac{p}{y_3}$, daher

Lehrsatz: Die Tangente im Endpunkt eines Durchmessers ist den Sehnen parallel, die von ihm halbiert werden.

§ 25. **Quadratur von Teilen der Parabelfläche.** Projiziert man die Sehne P_1P_2 auf OX und OY, so entstehen die Trapeze $P_1P_2A_2A_1$ und $P_1P_2B_2B_1$. Das Verhältnis ihrer Flächen ist gleich

$$\frac{A_2A_1\,(A_1P_1 + A_2P_2)}{B_2B_1\,(B_1P_1 + B_2P_2)} = \frac{(x_1 - x_2)(y_1 + y_2)}{(y_1 - y_2)(x_1 + x_2)} = \frac{x_1 - x_2}{x_1 + x_2} \cdot \frac{y_1 + y_2}{y_1 - y_2} = \frac{y_1^2 - y_2^2}{y_1^2 + y_2^2} \cdot \frac{y_1 + y_2}{y_1 - y_2} = \frac{(y_1 + y_2)^2}{y_1^2 + y_2^2}.$$

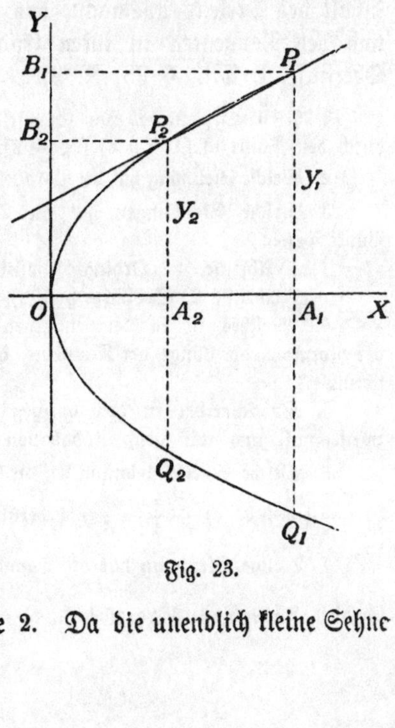

Fig. 23.

Nimmt man nun P_1P_2 unendlich klein, so nähert sich der letzte Quotient offenbar dem Grenzwerte 2. Da die unendlich kleine Sehne

P_1P_2 als mit dem unendlich kleinen Bogen P_1P_2 zusammenfallend angesehen werden darf, so ist folglich das durch Projektion des unendlich kleinen Bogens P_1P_2 auf OX entstehende Flächenstück doppelt so groß als das durch Projektion auf OY entstehende. Denkt man sich also den Bogen OP in unendlich kleine Teile geteilt und diese auf OX und OY projiziert, so sieht man, daß auch das endliche Flächenstück OA_1P_1 doppelt so groß ist als OB_1P_1. Es ist folglich OA_1P_1 zwei Drittel des Rechtecks $OA_1P_1B_1$ also gleich $\frac{2}{3}x_1y_1$, das heißt gleich einem Quadrate, dessen Seite die mittlere Proportionale zu $\frac{2}{3}x_1$ und y_1 ist. Das Flächenstück ist daher **geometrisch quadrierbar**.

Jedes Flächenstück, das von einem beliebigen Parabelbogen und beliebig vielen geraden Linien begrenzt ist, läßt sich offenbar aus zwei Flächenstücken der betrachteten Art und den Flächen geradliniger Figuren durch Addition und Subtraktion zusammensetzen und ist daher ebenfalls geometrisch quadrierbar.

Anmerkung. Auf diese Weise läßt sich zeigen, daß der Flächeninhalt eines beliebigen Parabelsegments $\frac{2}{3}$ von dem Flächeninhalt des Dreiecks ausmacht, das von der begrenzenden Parabelsehne und den Tangenten in ihren Endpunkten gebildet wird (vgl. auch Oberstufe, I. Teil, § 93, A. 9).

§ 26. **Übungen.** 1. Die Scheitelgleichung einer Parabel aufzustellen, die durch den Punkt a) [4; 6], b) [5; −5], c) [6; −4] geht.

2. Welche Gleichung hat die Parabeltangente in den Punkten der Aufgabe 1?

3. Welche Gleichungen hat die Tangente der Parabel $y^2 = 4x$ in dem Punkt, dessen

a) Abszisse 4 (Ordinate positiv), b) Abszisse 9 (Ordinate negativ), c) Abszisse 2 (Ordinate positiv), d) Ordinate 2, e) 3, f) $1\frac{1}{3}$ ist?

4. Welches ist in den einzelnen Fällen der Aufgabe 3 die Gleichung der Normale, die Länge der Tangente, der Normale, der Subtangente und Subnormale?

5. Wo schneidet in den vorigen Fällen die Normale die Parabel zum zweitenmal, und wie groß ist das von ihr abgeschnittene Parabelsegment?

6. Welche Scheitelgleichung hat die Parabel, die die Gerade a) $y = 3x + 1$ b) $y = \frac{1}{2}x + 3$, c) $-\frac{x}{4} - \frac{y}{3} = 1$ berührt?

7. Welche Gleichung hat die Tangente der Parabel $y^2 = \frac{10}{3}x$, die a) der Geraden $2x + 3y = 4$ parallel ist, b) auf der Geraden $\frac{x}{4} - \frac{y}{3} = 1$ senkrecht

steht, c) auf den Achsen gleiche Stücke abschneidet, d) durch den Punkt [6; 5] geht, e) unter einem Winkel von 30° zur x-Achse geneigt ist?

8. Welche Gleichung hat die Normale der Parabel, die a) auf der x-Achse eine Strecke $2p$, b) auf der y-Achse eine Strecke p, c) auf der Leitlinie eine Strecke p, d) auf beiden Achsen gleiche (wie große?) Strecken, e) auf der x-Achse eine doppelt so große Strecke als auf der y-Achse abschneidet?

9. Welche Tangente der Parabel $y^2 = 2px$ hat die Länge $p\sqrt{6}$ und welche Normale die Länge $3p$?

10. Die Parabel $y^2 = \frac{1}{2}x$ wird von der Geraden $y = x - 5$ geschnitten. a) Die Schnittpunkte, b) die Länge der Sehne, c) die Gleichungen der Tangenten in den Schnittpunkten, d) den Flächeninhalt des abgeschnittenen Parabelsegments zu bestimmen.

11. Welche Tangente der Parabel $y^2 = 2px$ hat den Abstand p a) vom Scheitelpunkt, b) vom Brennpunkt?

12. Eine durch den Brennpunkt der Parabel $y^2 = 3x$ gehende Sehne schneidet letztere in einem Punkt, dessen Ordinate $4\frac{1}{2}$ ist. Wie groß ist das abgeschnittene Segment?

13. Zu beweisen, daß die Gleichung $y_1 y = p(x_1 + x)$ die Polare des Punktes $[x_1; y_1]$ darstellt, wenn dieser a) außerhalb, b) innerhalb der Parabel liegt (vgl. § 19, 25).

14. Zu beweisen, daß die Polare sich parallel verschiebt, wenn der Pol auf einem Durchmesser wandert (und umgekehrt).

15. Zu beweisen, daß, wenn der Pol auf einer Geraden wandert, die Polare sich um den Pol dieser Geraden dreht (und umgekehrt).

16. Wie bewegt sich die Polare, wenn sich der Pol in der Richtung auf den Scheitel verschiebt?

17. Zu beweisen, daß Pol, Parabel und Polare auf dem Durchmesser des Pols gleiche Stücke begrenzen.

18. Welche Scheitelgleichung hat die Parabel, bei der zu dem Pol [−1; 3] die Polare $y = x - 1$ gehört?

19. Welches ist der Pol der Geraden $y = \frac{2}{3}x - 2$ in bezug auf die Parabel $y^2 = \frac{8}{3}x$?

Vierter Abschnitt: Die Ellipse.

§ 27. 1. **Aufgabe.** Den geometrischen Ort für alle Punkte zu bestimmen, deren Abstände von zwei gegebenen Punkten eine konstante Summe haben.

Lösung. Die gegebenen Punkte seien F_1 und F_2, ihr Abstand $2e$, die konstante Summe $2a$. F_1F_2 sei die x-Achse, die Mittelsenkrechte darauf die y-Achse. Ist P ein Punkt der gesuchten Linie, $PA \perp F_1F_2$, so muß $PF_1 + PF_2 = 2a$ sein. Bezeichnet man PF_1 mit r_1 und

PF_2 mit r_2, so ist $r_1^2 = y^2 + (e+x)^2$ und $r_2^2 = y^2 + (e-x)^2$. Die weitere Untersuchung kann auf doppelte Art erfolgen:

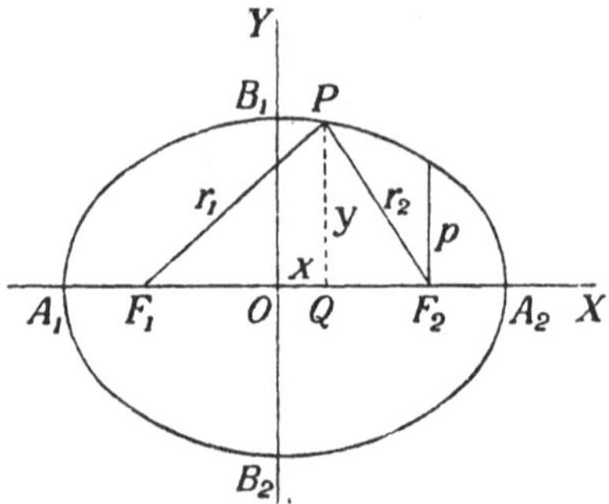

Fig. 24.

a) $r_1^2 - r_2^2 = 4\,ex$ oder, da $r_1 + r_2 = 2\,a$, $r_1 - r_2 = \frac{2ex}{a}$.

Mithin ist (23) $r_1 = \frac{a^2 + ex}{a}$, $r_2 = \frac{a^2 - ex}{a}$.

Setzt man diese Werte in die Gleichung für r_2^2 oder r_1^2 ein, so ergibt sich $(a^2 - e^2)\,x^2 + a^2 y^2 = a^2(a^2 - e^2)$. Setzt man nun

(24) $a^2 - e^2 = b^2$, so ist

$$(25)\begin{cases} b^2 x^2 + a^2 y^2 = a^2 b^2 \text{ oder} \\ \frac{x^2}{a^2} + \frac{y^2}{b^2} = 1 \end{cases}$$

die Gleichung der gesuchten Linie.

b) Aus $\sqrt{y^2 + (e+x)^2} + \sqrt{y^2 + (e-x)^2} = 2\,a$ ergibt sich (am leichtesten, wenn man eine der Wurzeln auf die rechte Seite schafft, alsdann beide Seiten quadriert, die verbleibende Wurzel isoliert und wiederum quadriert) nach mehrfachen Umformungen die Gleichung (25).

2. **Erklärungen.** Die gesuchte Linie heißt **Ellipse**; F_1 und F_2 sind die **Brennpunkte**, $F_1F_2 = 2e$ die **Exzentrizität**. Die Ellipse schneidet auf den Achsen Sehnen von der Länge $A_1A_2 = 2a$ und $B_1B_2 = 2b$ ab, die **Haupt- und Nebenachse** und deren Endpunkte **Haupt- und Nebenscheitel** genannt werden. Die Verbindungsstrecken eines Punktes der Ellipse mit den Brennpunkten (PF_1, PF_2) heißen seine **Brennstrahlen**. Unter dem **Parameter** der Ellipse versteht man die Länge der in einem Brennpunkt auf der Hauptachse senkrechten Sehne $2p = \frac{2b^2}{a}$.

3. **Diskussion der Gleichung:** 1. für $x = 0$, 2. für $y = 0$, 3. für wachsende x, 4. für ein bestimmtes x, 5. für ein bestimmtes y. Welche größten Werte können x und y annehmen? Wovon wird also die Ellipse eingeschlossen?

4. Konstruktion der Ellipse. Die Strecke $2a$ wird in zwei Teile, r_1 und r_2, zerlegt und mit r_1 um F_1 und mit r_2 um F_2 (und umgekehrt) je ein Kreis geschlagen. Wieviel Punkte der Ellipse erhält man hierdurch, und welche Eigenschaften der Ellipse lassen sich aus den entstehenden Parallelogrammen ableiten?

5. Geometrische Beziehung zwischen a, e und b. Verbindet man einen Endpunkt der kleinen Achse mit einem Brennpunkt, so entsteht ein rechtwinkliges Dreieck, dessen Hypotenuse a und dessen Katheten b und e sind.

§ 28. Aufgabe. Die Lage einer Geraden zu einer Ellipse näher zu untersuchen.

Lösung. Die Ellipse $b^2x^2 + a^2y^2 = a^2b^2$ und die Gerade $y = Mx + n$ mögen den Punkt $[x_1; y_1]$ gemeinsam haben. Dann ist $b^2x_1^2 + a^2y_1^2 = a^2b^2$ und $y_1 = Mx_1 + n$, mithin $(b^2 + a^2M^2)x_1^2 + 2a^2Mn\,x_1 + a^2n^2 = a^2b^2$. Da $b^2 + a^2M^2$ stets von 0 verschieden ist, so ist die Gleichung stets vom zweiten Grade, d. h. die Gerade schneidet die Ellipse, wenn überhaupt, immer in zwei Punkten.

a) Geht die Gerade durch den Anfangspunkt, so ist $n = 0$, also $x_{1,2} = \pm \frac{ab}{\sqrt{b^2 + a^2M^2}}$, $y_{1,2} = \pm \frac{abM}{\sqrt{b^2 + a^2M^2}}$. Der Mittelpunkt der abgeschnittenen Sehne hat die Koordinaten $x_3 = \frac{x_1 + x_2}{2} = 0$ und $y_3 = \frac{y_1 + y_2}{2} = 0$, fällt also mit dem Anfangspunkt zusammen, der daher auch Mittelpunkt der Ellipse genannt wird. Es gilt mithin der

Lehrsatz. Die durch den Mittelpunkt gehenden Sehnen der Ellipse werden in ihm halbiert und heißen daher Durchmesser.

b) Geht die Gerade nicht durch den Anfangspunkt, so ist

$$x_{1,2} = \frac{1}{b^2 + a^2M^2}\left(-a^2Mn \pm ab\sqrt{b^2 + a^2M^2 - n^2}\right) \text{ und}$$

$$y_{1,2} = \frac{1}{b^2 + a^2M^2}\left(b^2n \pm abM\sqrt{b^2 + a^2M^2 - n^2}\right).$$

Die Gerade ist also Sekante, Tangente oder liegt außerhalb der Ellipse, je nachdem $b^2 + a^2M^2 \gtreqless n^2$ ist. Insbesondere ist

$$(26) \quad b^2 + a^2 M^2 = n^2$$

die Bedingung dafür, daß die Gerade die Ellipse berührt.

Geometrische Bedeutung der Bedingung. Da $b^2 = a^2 - e^2$ und $M = \operatorname{tg} \alpha = \frac{\sin \alpha}{\cos \alpha}$ ist, so lautet die Bedingung: $a^2 \cos^2 \alpha - e^2 \cos^2 \alpha + a^2 \sin^2 \alpha - n^2 \cos^2 \alpha \gtreqless 0$ oder $a^2 - e^2 \cos^2 \alpha - n^2 \cos^2 \alpha \gtreqless 0$ oder $a^2 - F_1C^2 - OB^2 \gtreqless 0$ oder, da $F_1C = AB$, $a^2 \gtreqless OA^2$, $a \gtreqless OA$. Nennt man den mit a um O geschlagenen Kreis den Hauptkreis der Ellipse

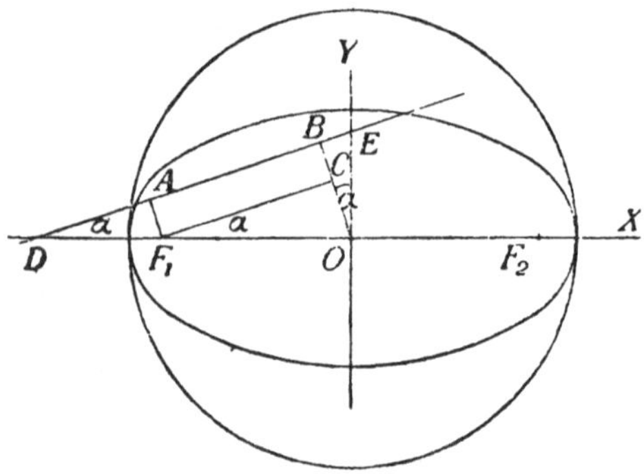

Fig. 25.

(wie den mit b um O geschlagenen Kreis den Nebenkreis), so ist die Gerade Sekante, Tangente oder liegt außerhalb, je nachdem die Projektion eines Brennpunktes auf die Gerade innerhalb des Hauptkreises, auf dem Hauptkreise oder außerhalb desselben liegt. — Umhüllungskonstruktion der Ellipse; Konstruktion der Tangente von einem Punkte außerhalb der Ellipse.

§ 29. Aufgabe. Die Gleichung der Tangente im Punkte $[x_1; y_1]$ der Ellipse abzuleiten.

1) P_1 und P_2 seien zwei Punkte der Ellipse $b^2x^2 + a^2y^2 = a^2b^2$. Dann ist die Gleichung der durch sie gehenden Sekante $y - y_1 = \frac{y_1 - y_2}{x_1 - x_2}(x - x_1)$, worin x_1, y_1 und x_2, y_2 den Gleichungen $b^2x_1^2 + a^2y_1^2 = a^2b^2$ und $b^2x_2^2 + a^2y_2^2 = a^2b^2$ genügen müssen. Es ist daher $b^2(x_1^2 - x_2^2) + a^2(y_1^2 - y_2^2) = 0$ oder $\frac{y_1 - y_2}{x_1 - x_2} = -\frac{b^2(x_1 + x_2)}{a^2(y_1 + y_2)}$.

Demnach ist die Gleichung der Tangente $y - y_1 = -\frac{b^2 x_1}{a^2 y_1}(x - x_1)$, woraus nach einigen Umformungen

$$(27)\quad b^2 x_1 x + a^2 y_1 y = a^2 b^2$$

als Gleichung der Tangente folgt. — Bildungsgesetz.

2) siehe I, § 51.

Anmerkung. Die Gleichung der Normale im Punkte P_1 ist mithin $y - y_1 = \frac{a^2 y_1}{b^2 x_1}(x - x_1)$.

§ 30. Aufgabe. Die Lage der Normale zu den Brennstrahlen des Berührungspunktes zu bestimmen.

Lösung. Die Brennstrahlen und die Normale haben von rechts nach links der Reihe nach die Richtungskonstanten

$$\frac{y_1}{x_1 - e},\ \frac{a^2 y_1}{b^2 x_1},\ \frac{y_1}{x_1 + e}.$$

Daher ist, wenn φ_1 und φ_2 die aufeinanderfolgenden Winkel bezeichnen,

$$\operatorname{tg}\varphi_1 = \frac{\frac{y_1}{x_1 - e} - \frac{a^2 y_1}{b^2 x_1}}{1 + \frac{a^2 y_1^2}{(x_1 - e)\, b^2 x_1}} \text{ und } \operatorname{tg}\varphi_2 = \frac{\frac{a^2 y_1}{b^2 x_1} - \frac{y_1}{x_1 + e}}{1 + \frac{a^2 y_1^2}{b^2 x_1 (x_1 + e)}}.$$

Die weitere Rechnung ergibt $\operatorname{tg}\varphi_1 = \operatorname{tg}\varphi_2$, mithin gilt der

Lehrsatz. **Die Normale halbiert den von den Brennstrahlen des Berührungspunktes gebildeten Winkel, die Tangente den Nebenwinkel.**

Konstruktion der Tangente in einem Punkt der Ellipse.

§ 31. Aufgabe. Den geometrischen Ort für die Mittelpunkte paralleler Sehnen zu bestimmen.

Lösung. Eine Sehne verbinde die Punkte P_1 und P_2, dann ist ihre Richtungskonstante (vgl. § 29) $M = -\frac{b^2(x_1 + x_2)}{a^2(y_1 + y_2)}$, und die Koordinaten des Mittelpunktes sind $x_3 = \frac{x_1 + x_2}{2}$, $y_3 = \frac{y_1 + y_2}{2}$. Wird nun die Sehne parallel verschoben, so bleibt die Richtungskonstante M unverändert; daher ändert sich auch $\frac{x_1 + x_2}{y_1 + y_2}$ nicht und ebensowenig $\frac{x_3}{y_3} = -\frac{a^2 M}{b^2}$. Der Mittelpunkt bewegt sich daher auf der Geraden $y = -\frac{b^2}{a^2 M} x$, d. h. auf einem Durchmesser mit den Richtungskonstanten $M_1 = -\frac{b^2}{a^2 M}$.

Lehrsatz: Die Mittelpunkte paralleler Sehnen liegen auf einem Durchmesser.

Das eine Ende des Durchmessers habe die Koordinaten x_4 und y_4; dann hat die Tangente in diesem Punkte die Richtungskonstante $-\frac{b^2 x_4}{a^2 y_4}$. Nun ist aber $\frac{x_4}{y_4} = \frac{x_3}{y_3} = -\frac{a^2 M}{b^2}$, daher ist die Richtungskonstante der Tangente gleich $\frac{b^2 a^2 M}{a^2 b^2} = M$, d. h.

Zusatz. Die Tangenten in den Endpunkten eines Durchmessers sind den Sehnen parallel, die von ihm halbiert werden.

§ 32. Konjugierte Durchmesser.

Haben die parallelen Sehnen die Richtungskonstante M, so hat der sie halbierende Durchmesser die Richtungskonstante $M_1 = -\frac{b^2}{a^2 M}$. Die diesem Durchmesser parallelen Sehnen haben daher die Richtungskonstante M_1 und der sie halbierende Durchmesser die Richtungskonstante $-\frac{b^2}{a^2 M_1} = \frac{b^2 a^2 M}{a^2 b^2} = M$, d. h. zu jedem Durchmesser einer Ellipse läßt sich stets ein zweiter von der Beschaffenheit finden, daß jeder die dem anderen parallelen Sehnen halbiert. Solche Durchmesser heißen konjugierte Durchmesser, und ihre Richtungskonstanten erfüllen die Gleichung

$$(28) \qquad M \cdot M_1 = -\frac{b^2}{a^2}.$$

Hieraus folgt:

1) M und M_1 haben entgegengesetzte Zeichen, d. h. von zwei konjugierten Durchmessern liegt der eine im ersten und dritten, der andere im zweiten und vierten Quadranten.

2) Die Achsen sind gleichfalls konjugierte Durchmesser und zwar die einzigen, die aufeinander senkrecht stehen.

Konstruktion des konjugierten Durchmessers zu einem gegebenen Durchmesser, des Mittelpunkts der Ellipse, der Tangente in einem Punkte der Ellipse unter der Annahme, daß die Ellipse gezeichnet vorliegt.

§ 33. **Inhalt der Ellipsenfläche.** Denkt man sich dem Hauptkreise ein Vieleck einbeschrieben, von dem der Einfachheit halber angenommen werden möge, daß es durch A_1A_2 in zwei symmetrische Hälften geteilt werde, so entspricht ihm ein der Ellipse einbeschriebenes Vieleck, dessen Ecken dieselben Abszissen haben wie die entsprechenden Ecken des Kreisvielecks. In Figur 26 sind die Trapeze $P_2P_1Q_1Q_2$ und $R_2R_1Q_1Q_2$ entsprechende Teile der Vielecksflächen. Da die Trapeze dieselbe Höhe Q_2Q_1 haben, so verhalten sie sich wie die Summen ihrer Grundlinien y_2+y_1 und Y_2+Y_1, (wenn man R_2Q_2 mit Y_2 und R_1Q_1 mit Y_1 bezeichnet). Nun ist

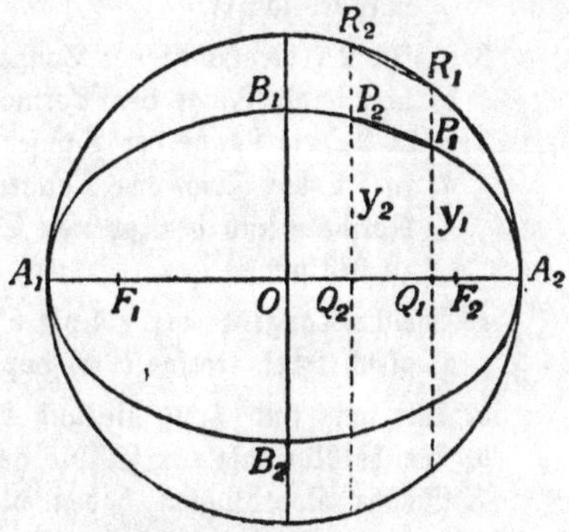

Fig. 26.

$y_1 = \frac{b}{a}\sqrt{a^2-x_1^2}$ und $Y_1 = \sqrt{a^2-x_1^2}$, also $y_1 = \frac{b}{a}Y_1$ und ebenso $y_2 = \frac{b}{a}Y_2$; mithin ist auch $y_2+y_1 = \frac{b}{a}(Y_2+Y_1)$ oder

$$P_2P_1Q_1Q_2 = \frac{b}{a}R_2R_1Q_1Q_2.$$

Hieraus folgt, daß die Flächen der einbeschriebenen Vielecke, und wenn die Seiten unendlich klein genommen werden, daß auch die Flächen der Ellipse und des Kreises das Verhältnis $b:a$ haben.

Die Ellipsenfläche ist also gleich $\frac{b}{a}\cdot\pi a^2$, d. h.

$$(29)\quad J = \pi ab.$$

§ 34. **Übungen.** 1. Welche Mittelpunktsgleichung hat die Ellipse

a) deren Hauptachse gleich 10 und deren Exzentrizität gleich 8 ist,

b) deren Hauptachse gleich 8 ist und die durch den Punkt $[-3\frac{1}{2}; -2\frac{1}{2}]$ geht,

c) deren Exzentrizität gleich 6 und deren Parameter gleich $6\frac{2}{5}$ ist,

d) die durch die Punkte [4; 3] und [— 5; 2] geht?

2. Welche Gleichung hat die Tangente der Ellipse $9x^2 + 16y^2 = 144$
a) in dem Punkt, dessen Ordinate positiv und dessen Abszisse gleich 2 ist,
b) die auf der x-Achse eine Strecke -6 abschneidet,
c) die auf den Achsen gleiche Stücke abschneidet,
d) die der Verbindungslinie zweier ungleichartigen Scheitel parallel läuft,
e) die der Verbindungslinie eines Brennpunktes mit einem Nebenscheitel parallel läuft?

3. a) In 2a die Länge der Tangente zu berechnen,
b) in 2b die Länge der Normale zu berechnen,
c) in 2c die Länge der Tangente zwischen den Achsen zu bestimmen
d) in 2d die Länge der Tangente zwischen den Achsen, die Länge der Normale und den zweiten Schnittpunkt der Normale mit der Ellipse zu bestimmen.

4. Welche Tangente der Ellipse $b^2x^2 + a^2y^2 = a^2b^2$ ist
a) gleich ihrer Normale, b) doppelt so lang als die Normale?

5. Wie lang sind Tangente und Normale im Endpunkte des Parameters?

6. Welche Normale der Ellipse geht durch einen Nebenscheitel?

7. Welche Koordinaten haben die Schnittpunkte einer Ellipse mit dem konzentrischen Kreise, der durch die Brennpunkte geht?

8. Zu beweisen, daß die Gleichung $b^2x_1x + a^2y_1y = a^2b^2$ die Polare eines Punktes $[x_1; y_1]$ darstellt, wenn dieser Punkt a) außerhalb, b) innerhalb der Ellipse liegt.

9. Zu beweisen, daß sich die Polare parallel verschiebt, wenn ihr Pol sich auf einem Durchmesser bewegt (und umgekehrt).

10. Zu beweisen, daß, wenn der Pol sich auf einer Geraden bewegt, die Polare sich um den Pol dieser Geraden dreht (und umgekehrt).

11. Welches ist bei der Ellipse $9x^2 + 25y^2 = 225$
a) die Polare des Punktes $[5; 5]$,
b) die Polare des Durchschnittspunktes des Hauptkreises mit der negativen y-Achse,
c) die Polare des Brennpunktes?

12. Welches ist bei der Ellipse $b^2x^2 + a^2y^2 = a^2b^2$ der Pol
a) der Verbindungslinie zweier ungleichartigen Scheitel,
b) der Verbindungslinie eines Nebenscheitels mit einem Brennpunkt,
c) der Verbindungslinie eines Brennpunkts mit dem einen Endpunkt des Parameters im anderen Brennpunkt?

13. Für welchen Punkt der Ellipse verhalten sich die Brennstrahlen wie 2:1?

14. Für welchen Punkt stehen die Brennstrahlen aufeinander senkrecht?

15. Welches ist die Gleichung eines Brennstrahls, der die halbe kleine Achse halbiert, und welches ist der Pol dieses Strahls?

16. Welcher Durchmesser ist dem Durchmesser zugeordnet, der a) der Geraden in 12a, b) der Geraden in 12b, c) der Geraden in 12c parallel läuft, d) den Winkel zwischen den Achsen halbiert?

17. Verschiebt man eine Sehne parallel, so bewegt sich ihr Pol auf dem konjugierten Durchmesser.

18. Die Gleichungen zweier konjugierten Durchmesser einer Ellipse sind $y = \frac{3}{4}x$ und $y = -\frac{3}{4}x$. Wie verhalten sich die Achsen, und wie groß ist die Exzentrizität?

19. Ist es möglich, daß zwei konjugierte Durchmesser a) den Brennstrahlen eines Punktes der Ellipse, b) den Verbindungslinien eines Ellipsenpunktes mit den Enden der Nebenachse parallel sind?

20. Den Winkel zwischen zwei konjugierten Durchmessern zu bestimmen.

21. Zu beweisen, daß die Summe der Quadrate von je zwei konjugierten Durchmessern einer Ellipse konstant ist.

22. Zu beweisen, daß die Parallelogramme gleich sind, a) deren Ecken die Endpunkte von je zwei konjugierten Durchmessern, b) deren Seiten die Tangenten in diesen Endpunkten sind.

Fünfter Abschnitt. Die Hyperbel.

§ 35. 1) **Aufgabe.** Den geometrischen Ort für alle Punkte zu bestimmen, deren Abstände von zwei gegebenen Punkten eine konstante Differenz haben.

Lösung. Man erhält wie in § 27 unter Beibehaltung der dortigen Bezeichnung: $r_2 - r_1 = 2a$, $r_2^2 = y^2 + (e+x)^2$, $r_1^2 = y^2 + (e-x)^2$, $r_2^2 - r_1^2 = 4ex$, mithin $r_2 + r_1 = \frac{2ex}{a}$, also

$$(30)\quad r_2 = \frac{ex + a^2}{a}, \quad r_1 = \frac{ex - a^2}{a}.$$

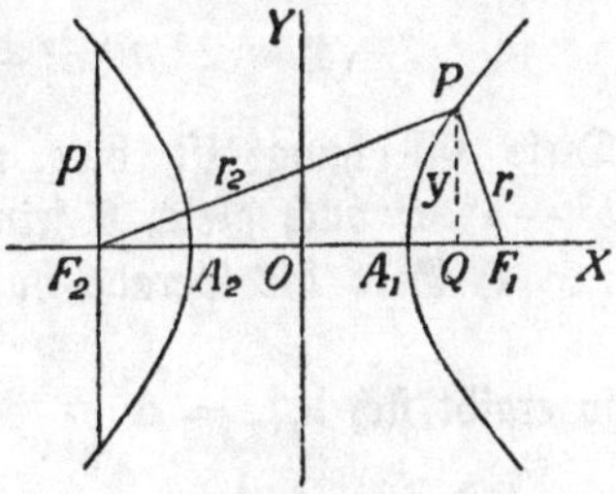

Fig. 27.

Setzt man einen dieser Werte in die entsprechende Gleichung ein, so erhält man, wenn man

$$(31)\quad e^2 - a^2 = b^2$$

setzt, als Gleichung der gesuchten Linie

$$(32)\quad \begin{cases} b^2x^2 - a^2y^2 = a^2b^2 \text{ oder} \\ \frac{x^2}{a^2} - \frac{y^2}{b^2} = 1. \end{cases}$$

2) **Erklärungen.** Die gesuchte Linie heißt **Hyperbel.** F_1 und F_2 sind die **Brennpunkte**, $F_1F_2 = 2e$ die **Exzentrizität.** Die Hyperbel schneidet auf der x-Achse eine Sehne von der Länge A_1A_2

$=2a$ ab, die Hauptachse heißt und deren Endpunkte Scheitel genannt werden. Brennstrahlen und Parameter bedeuten dasselbe wie bei der Ellipse. Ist $a=b$, so heißt die Hyperbel gleichseitig, und ihre Gleichung ist $x^2-y^2=a^2$.

3) Diskussion der Gleichung 1) für $x=a$, 2) für wachsende x, 3) für $-a<x<a$, 4) für $x=-a$, 5) für x, von $-a$ an abnehmend, 6) für ein bestimmtes $x\,(=q)$, 7) für ein bestimmtes $y\,(=m)$.

4) Konstruktion der Hyperbel. Man bestimme zwei Strecken r_1 und r_2 so, daß ihre Differenz gleich 2a ist, und verfahre wie in § 27.

5) Geometrische Beziehung zwischen e, a und b. Schlägt man mit e um O den Kreis und errichtet im Scheitel auf der Hauptachse die senkrechte Kreissehne, so ist diese gleich 2b (Nebenachse).

§ 36. Aufgabe. Die Lage einer Geraden zu einer Hyperbel näher zu untersuchen.

Lösung. Entsprechend § 28 erhält man

$$(b^2-a^2M^2)\,x_1^2-2\,a^2Mnx_1-a^2n^2=a^2b^2.$$

Diese Gleichung ist hier nicht immer vom zweiten Grade, da $b^2-a^2M^2$ auch gleich 0 sein kann.

a) Geht die Gerade durch den Anfangspunkt, d. h. ist $n=0$, so ergibt sich $x_{1,2}=\pm\dfrac{ab}{\sqrt{b^2-a^2M^2}}$ und $y_{1,2}=\pm\dfrac{a\,b\,M}{\sqrt{b^2-a^2M^2}}$.

Ist nun

α) $b^2>a^2M^2$, so schneidet die Gerade die Hyperbel in zwei Punkten und die abgeschnittene Sehne wird (vgl. § 28) durch den Anfangspunkt halbiert. Dieser heißt daher Mittelpunkt der Hyperbel, die Sehne Hauptdurchmesser.

β) $b^2=a^2M^2$, so laufen Gerade und Hyperbel im Unendlichen zusammen; es sind dies zwei Durchmesser mit den Richtungskonstanten

$$(33)\qquad M=\frac{b}{a} \text{ und } M_1=-\frac{b}{a},$$

die Asymptoten der Hyperbel. (Bei der gleichseitigen Hyperbel ist $M=1$ und $M_1=-1$, d. h. ihre Asymptoten stehen aufeinander senkrecht und halbieren die Winkel des Achsenkreuzes).

γ) $b^2 < a^2M^2$, so schneidet die Gerade die Hyperbel überhaupt nicht; sie heißt dann Nebendurchmesser.

b) Geht die Gerade nicht durch den Anfangspunkt, so ist

$$x_{1,2} = \frac{1}{b^2 - a^2M^2}\left(a^2Mn \pm ab\sqrt{b^2 - a^2M^2 + n^2}\right) \text{ und}$$

$$y_{1,2} = \frac{1}{b^2 - a^2M^2}\left(b^2n \pm abM\sqrt{b^2 - a^2M^2 + n^2}\right).$$

Ist nun die Gerade

α) einem Hauptdurchmesser parallel, so ist $b^2 - a^2M^2 > 0$, also erst recht $b^2 - a^2M^2 + n^2 > 0$; daher ergeben sich stets zwei reelle Schnittpunkte;

β) einer Asymptote parallel, so ist $b^2 - a^2M^2 = 0$, die ursprüngliche Gleichung also vom ersten Grade; daher ist nur ein Schnittpunkt vorhanden;

γ) einem Nebendurchmesser parallel, so ist $b^2 - a^2M^2 < 0$, daher $b^2 - a^2M^2 + n^2 \gtreqless 0$. Die Gerade ist also Sekante, Tangente oder liegt außerhalb der Hyperbel. Im besondern ist

$$(34)\quad b^2 - a^2M^2 + n^2 = 0$$

die Bedingung dafür, daß die Gerade Tangente ist.

Geometrische Bedeutung der Bedingung. Ähnlich wie in § 28 läßt sich zeigen, daß die Projektion eines jeden Brennpunkts auf die Tangente auf dem Hauptkreise liegt. — Umhüllungskonstruktion der Hyperbel; Konstruktion der Tangente von einem Punkte außerhalb der Hyperbel.

§ 37. Aufgabe. Die Gleichung der Tangente in einem Punkt $[x_1; y_1]$ der Hyperbel abzuleiten.

Lösung. Entsprechend § 29 erhält man als Gleichung der Tangente

$$(35)\quad b^2x_1x - a^2y_1y = a^2b^2.$$

Bildungsgesetz.

Anmerkung. Die Gleichung der Normale im Punkte P_1 ist daher

$$y - y_1 = -\frac{a^2y_1}{b^2x_1}(x - x_1).$$

§ 38. Aufgabe. Die Lage der Tangente zu den Brennstrahlen des Berührungspunktes zu bestimmen.

Lösung. Entsprechend § 30 erhält man den

Lehrsatz. Die Tangente halbiert den von den Brennstrahlen des Berührungspunktes gebildeten Winkel, die Normale den Nebenwinkel.

Konstruktion der Tangente in einem Punkte der Hyperbel.

§ 39. Aufgabe. Den geometrischen Ort für die Mittelpunkte paralleler Sehnen zu bestimmen.

Lösung. Entsprechend § 31 erhält man den

Lehrsatz. Die Mittelpunkte paralleler Sehnen liegen auf einem Durchmesser, — und den

Zusatz. Die Tangenten in den Endpunkten eines Durchmessers sind den Sehnen parallel, die von dem letzteren halbiert werden.

Ist die Richtungskonstante der Sehnen M, so hat der halbierende Durchmesser die Richtungskonstante $M_1 = \frac{b^2}{a^2 M}$.

§ 40. Konjugierte Durchmesser. Das im § 32 Gesagte gilt auch hier: Zu jedem Durchmesser einer Hyperbel läßt sich stets ein zweiter von der Beschaffenheit finden, daß jeder die dem andern parallelen Sehnen halbiert.

Für die Richtungskonstanten solcher konjugierten Durchmesser gilt die Gleichung

$$(36) \quad M . M_1 = \frac{b^2}{a^2}.$$

Hieraus folgt:

1) M und M_1 haben gleiche Zeichen; zwei konjugierte Durchmesser gehören demselben Quadranten an. Ist ferner $M < \frac{b}{a} \left(\text{oder} - \frac{b}{a}\right)$, so ist $M_1 > \frac{b}{a} \left(\text{oder} \ - \frac{b}{a}\right)$; d. h. von zwei konjugierten Durchmessern ist der eine ein Haupt-, der andere ein Nebendurchmesser; jede Asymptote ist sich selbst konjugiert.

2) Die Achsen sind gleichfalls konjugierte Durchmesser und zwar die einzigen, die aufeinander senkrecht stehen.

Konstruktion des konjugierten Durchmessers zu einem gegebenen Durchmesser, des Mittelpunkts der Hyperbel, der Tangente in einem Punkte der Hyperbel unter der Annahme, daß die Hyperbel gezeichnet vorliegt.

§ 41. Eigenschaften der Asymptoten in Bezug auf eine Sekante. Schneidet die Gerade $y = Mx + n$ die Hyperbel in P_1 und P_2 und die Asymptoten in P_4 und P_5 und ist P_3 die Mitte von P_1P_2, P_6 aber die Mitte von P_4P_5, so ist nach § 36 b

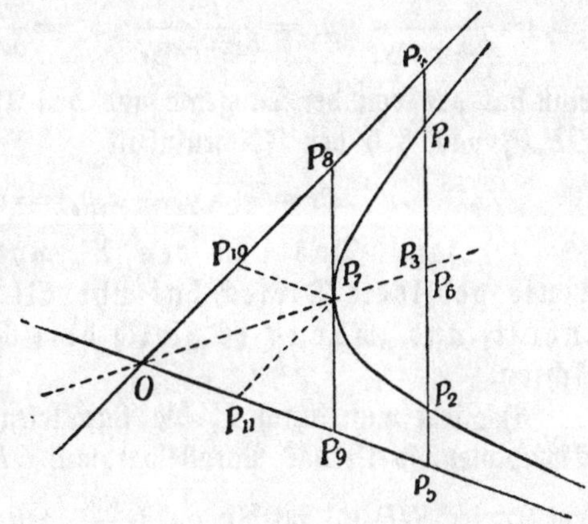

Fig. 28.

$$x_3 = \frac{x_1 + x_2}{2} = \frac{a^2Mn}{b^2 - a^2M^2}$$

und $y_3 = \dfrac{b^2n}{b^2 - a^2M^2}$.

Die Koordinaten von P_4 und P_5 ergeben sich aus den Gleichungen $y = Mx + n$ und $y = \frac{b}{a}x$ bezw. $y = -\frac{b}{a}x$ als

$$x_4 = \frac{an}{b - aM},\ y_4 = \frac{bn}{b - aM};\ x_5 = \frac{-an}{b + aM},\ y_5 = \frac{bn}{b + aM}.$$

Daher ist

$$x_6 = \frac{x_4 + x_5}{2} = \frac{a^2Mn}{b^2 - a^2M^2} = x_3 \text{ und } y_6 = \frac{y_4 + y_5}{2} = \frac{b^2n}{b^2 - a^2M^2} = y_3.$$

P_3 ist daher sowohl die Mitte von P_1P_2 wie von P_4P_5, mithin ist auch $P_1P_4 = P_2P_5$, oder es gilt der

Lehrsatz. Die zwischen den Asymptoten und der Hyperbel liegenden Stücke einer jeden Sekante sind gleich lang.

Konstruktion beliebig vieler Hyperbelpunkte, wenn die Asymptoten und ein Hyperbelpunkt gegeben sind.

§ 42. Eigenschaften der Asymptoten in Bezug auf eine Tangente.

1) Verschiebt man in Fig. 28 die Sekante, bis sie zur Tangente wird, so bewegt sich P_3 auf OP_3, und es wird schließlich $P_7P_8 = P_7P_9$; mithin ergibt sich der

Lehrsatz. Der Abschnitt einer Tangente zwischen den Asymptoten wird durch den Berührungspunkt halbiert.

2) Die Punkte P_8 und P_9 haben als Schnittpunkte der Geraden $b^2x_7x - a^2y_7y = a^2b^2$ mit den Geraden $y = \pm \frac{b}{a}x$ die Koordinaten

$$x_8 = \frac{a^2b}{bx_7 - ay_7},\ y_8 = \frac{ab^2}{bx_7 - ay_7};\ x_9 = \frac{a^2b}{bx_7 + ay_7},\ y_9 = \frac{-ab^2}{bx_7 + ay_7}.$$

Nun hat das von der Tangente und den Asymptoten gebildete Dreieck OP_8P_9 nach § 5 den Flächeninhalt

$$\triangle = \tfrac{1}{2}(x_9y_8 - x_8y_9) = ab, \text{ d. h.}$$

Lehrsatz. Das von den Asymptoten und einer Tangente gebildete Dreieck hat überall den gleichen Flächeninhalt, und zwar ist es gleich dem Rechteck aus den halben Achsen.

3) Zieht man durch P_7 die Parallelen P_7P_{10} und P_7P_{11} zu den Asymptoten, so ist das Parallelogramm $OP_{10}P_7P_{11}$ halb so groß als das Dreieck OP_8P_9, mithin gleich $\frac{ab}{2}$. Ist nun der Winkel zwischen den Asymptoten gleich 2α, so ist $OP_{10} \cdot OP_{11} \sin 2\alpha = \frac{ab}{2}$ oder $OP_{10} \cdot OP_{11} = \frac{ab}{2 \sin 2\alpha}$, woraus sich, da $\operatorname{tg} \alpha = \frac{b}{a}$ ist, $OP_{10} \cdot OP_{11} = \frac{e^2}{4}$ ergibt. Der Flächeninhalt des Parallelogramms, das von den Asymptoten und den durch einen Hyperbelpunkt zu ihnen gezogenen Parallelen gebildet wird, ist daher überall derselbe, und zwar gleich dem Quadrat über dem vierten Teil der Exzentrizität.

Anmerkung. Betrachtet man die Asymptoten als die Achsen eines schiefwinkligen Koordinatensystems und OP_{11} und OP_{10} demnach als die Koordinaten des Hyperbelpunktes ξ und η, so nimmt die Gleichung der Hyperbel die einfache Form $\xi\eta = \frac{e^2}{4}$ an.

§ 43. **Übungen.** 1. Welche Mittelpunktsgleichung hat die Hyperbel,
- a) deren große Achse gleich 8 und deren Exzentrizität gleich 10 ist,
- b) deren Exzentrizität gleich 8 und deren Parameter gleich 12 ist,
- c) die durch die Punkte [4; 3] und [5; —4] geht,
- d) die durch den Punkt [5; 4] geht und gleichseitig ist?

2. Eine Hyperbel hat die Gleichung $6x^2 - 8y^2 = 48$. Welche Gleichung hat die Tangente
- a) in dem Punkt, dessen Abszisse gleich 3 und dessen Ordinate positiv ist,
- b) im unteren Endpunkt des linken Parameters,

c) die auf den Achsen gleiche Stücke abschneidet,

d) die auf der Y-Achse eine Strecke von 2 Längeneinheiten abschneidet?

3. s. § 34, 4.

4. s. § 34, 5.

5. Welche gleichseitige Hyperbel (in der Mittelpunktslage) hat die Gerade $y = \frac{2}{3}x + 3$ zur Tangente?

6. Welche Hyperbel hat die Gerade $y = \frac{3}{4}x$ zur Asymptote und geht durch den Punkt [2; 1]?

7.—10. s. § 34, 7—10.

11. s. § 34, 11 in Bezug auf die Hyperbel $9x^2 - 25y^2 = 225$.

12.—13. s. § 34, 11—12.

14. s. § 34, 17.

Sechster Abschnitt. Lageänderung des Koordinatensystems und Diskussion der allgemeinen Gleichung zweiten Grades.

§ 44. Jede Lageänderung des Koordinatensystems besteht in einer Verschiebung oder in einer Drehung oder läßt sich auf beides zurückführen.

Verschiebung des Koordinatensystems. Sind OX und OY die alten, $O'X'$ und $O'Y'$ die neuen Achsen und ist die X-Achse wie in Fig. 29 im positiven Sinne um b, die Y-Achse um a verschoben, so ist für einen beliebigen Punkt P

$$(37) \quad x = a + x', \quad y = b + y'.$$

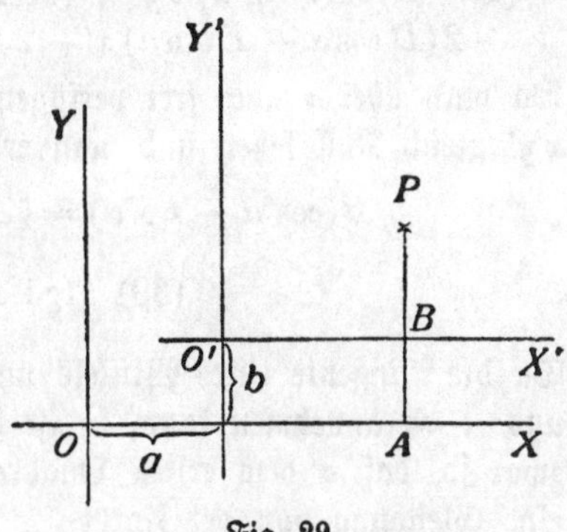

Fig. 29.

§ 45. **Drehung des Koordinatensystems.** Ist das Achsensystem um den Winkel α im positiven Sinne gedreht, $PA = y$, $OA = x$, $PB = y'$, $OB = x'$, $BC \perp OX$, $BD \perp PA$, so ist $\sphericalangle DPB = \alpha$ und $x = OC - BD = x' \cos\alpha - y' \sin\alpha$, ferner $y = BC + PD = x' \sin\alpha + y' \cos\alpha$.

$$(38) \quad \begin{aligned} x &= x' \cos\alpha - y' \sin\alpha, \\ y &= x' \sin\alpha + y' \cos\alpha. \end{aligned}$$

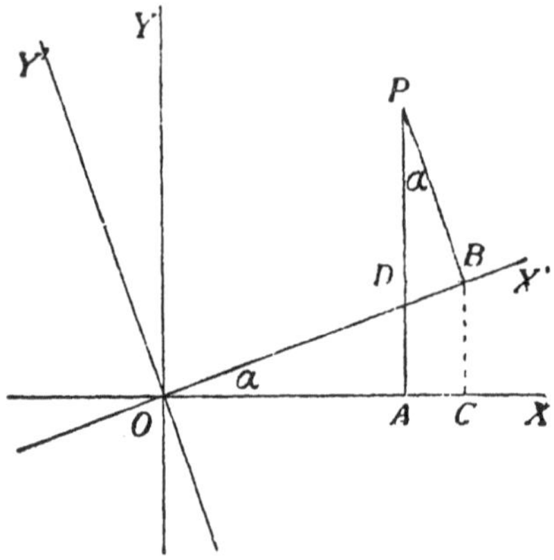

Fig. 30.

Anmerkung. Durch eine Verschiebung mit nachfolgender Drehung läßt sich das Koordinatensystem in jede beliebige Lage bringen; hierfür gelten die Formeln:

$$x = a + x'\cos\alpha - y'\sin\alpha,$$
$$y = b + x'\sin\alpha + y'\cos\alpha.$$

---

§ 46. Die allgemeine Gleichung zweiten Grades habe die Form

$$Ax^2 + 2\,Bxy + Cy^2 + 2\,Dx + 2\,Ey + F = 0.$$

Dreht man zunächst das Achsenkreuz um den Winkel α, so ist $x = x'\cos\alpha - y'\sin\alpha$, $y = x'\sin\alpha + y'\cos\alpha$, daher

$$(A\cos^2\alpha + 2B\sin\alpha\cos\alpha + C\sin^2\alpha)\,x'^2 + 2\,[B(\cos^2\alpha - \sin^2\alpha) - (A - C)\sin\alpha\cos\alpha]\,x'y' + (A\sin^2\alpha - 2\,B\sin\alpha\cos\alpha + C\cos^2\alpha)\,y'^2 + 2\,(D\cos\alpha + E\sin\alpha)\,x' + 2\,(E\cos\alpha - D\sin\alpha)\,y' + F = 0.$$

Da man über α noch frei verfügen kann, läßt sich der Koeffizient von $x'y'$ gleich Null setzen und man erhält

$$B(\cos^2\alpha - \sin^2\alpha) = (A - C)\sin\alpha\cos\alpha \text{ oder}$$

$$(39)\qquad \operatorname{tg} 2\,\alpha = \frac{2\,B}{A - C}.$$

Da die Tangente eines Winkels unter 180° alle Werte zwischen $-\infty$ und $+\infty$ annehmen kann, so ist diese Drehung immer möglich, und zwar so, daß α dem ersten Quadranten angehört, und es ergibt sich eine Gleichung von der Form

$$A'x'^2 + C'y'^2 + 2\,D'x' + 2\,E'y' + F = 0.$$

§ 47. Verschiebt man nun das Koordinatensystem, so ist

$$x' = a + \xi\,,\quad y' = b + \eta,$$

und es ergibt sich

$$A'\xi^2 + C'\eta^2 + 2(A'a + D')\xi + 2(C'b + E')\eta + A'a^2 + C'b^2 + 2\,D'a + 2\,E'b + F = 0.$$

a) Sind nun A' und C' von Null verschieden, so kann man über a und b so verfügen, daß die Koeffizienten von ξ und η gleich Null werden, indem man

$$a = -\frac{D'}{A'} \text{ und } b = -\frac{E'}{C'} \text{ setzt.}$$

Die Gleichung nimmt alsdann die einfache Form

$$A'\xi^2 + C'\eta^2 = G$$

an, worin $G = \frac{D'^2}{A'} + \frac{E'^2}{C'} - F$ ist.

Ist nun 1. $G \gtrless 0$, so stellt die Gleichung dar

α) eine Ellipse (Kreis), wenn A' und C' gleiches Vorzeichen und zwar dasselbe wie G haben,

β) kein reelles Gebilde, wenn A' und C' gleiches Vorzeichen haben, aber entgegengesetzt zu dem von G,

γ) eine Hyperbel, wenn A' und C' ungleiches Vorzeichen haben.

Ist aber 2. $G = 0$, so stellt die Gleichung dar

α) einen Punkt, nämlich den Anfangspunkt, wenn A' und C' gleiches und

β) ein Paar von sich im Anfangspunkt schneidenden Geraden, wenn sie ungleiches Vorzeichen haben.

b) Ist $A' = 0$, C' aber von Null verschieden, so ergibt sich

$$C'\eta^2 + 2D'\xi + 2(C'b + E')\eta + C'b^2 + 2D'a + 2E'b + F = 0,$$

und es kann, falls auch D' von 0 verschieden ist, über a und b so verfügt werden, daß

$$C'b + E' = 0 \text{ und } C'b^2 + 2D'a + 2E'b + F = 0,$$

wird. Dadurch erhält die Gleichung die einfache Form

$$\eta^2 = -2\frac{D'}{C'}\xi$$

und stellt eine Parabel dar.

Ist aber auch $D' = 0$, so bleibt von der Gleichung nur

$$C'\eta^2 + 2(C'b + E')\eta + C'b^2 + 2E'b + F = 0,$$

also eine quadratische Gleichung für η übrig, die zwei Werte von η liefert und daher zwei zur ξ-Achse parallele Geraden darstellt.

c) Ist $C'=0$, A' aber von 0 verschieden, so stellt die Gleichung eine (um 90° gedrehte) Parabel dar, wenn auch $E' \gtrless 0$, oder aber, wenn $E'=0$, zwei zur η-Achse parallele Geraden.

§ 48. Es kommt also wesentlich auf das Produkt $A'C'$ an. Nun ist aber $A'C' = (A\cos^2\alpha + 2B\sin\alpha\cos\alpha + C\sin^2\alpha)\,(A\sin^2\alpha - 2B\sin\alpha\cos\alpha + C\cos^2\alpha) = \left(\frac{A+C}{2} + \frac{A-C}{2}\cos 2\alpha + B\sin 2\alpha\right)\left(\frac{A+C}{2} - \frac{A-C}{2}\cos 2\alpha - B\sin 2\alpha\right)$, und berücksichtigt man, daß $\operatorname{tg} 2\alpha = \frac{2B}{A-C}$ ist, so ergibt sich

$$(40) \quad A'C' = AC - B^2.$$

Ist mithin

a) $AC - B^2 > 0$, so sind A' und C' gleichen Zeichens und die Gleichung stellt eine Ellipse (Kreis), einen Punkt oder kein reelles Gebilde dar,

b) $AC - B^2 = 0$, so ist entweder A' oder $C' = 0$ und die Gleichung stellt eine Parabel oder ein Paar von parallelen Geraden dar,

c) $AC - B^2 < 0$, so sind A' und C' verschiedenen Zeichens und die Gleichung stellt eine Hyperbel oder zwei sich schneidende Gerade dar.

§ 49. Übungen. Die folgenden Gleichungen näher zu untersuchen und die durch sie dargestellten Kurven nach Verlegung des Achsensystems zu zeichnen.

1. $z = \sqrt{(8-x)\,.\,x}$ (vgl. Unterstufe*), Anhang III, § 3).

2. $xy = 9$ (vgl. wie oben § 4).

3. $s = \frac{9}{x} + x$ (desgl. § 4).

4. $d = \frac{9}{x} - x$ (desgl. § 4).

5. Desgl. bezüglich der im Anhang III der Unterstufe in § 9 enthaltenen Gleichungen 12—23, 30, 32, 33.

§ 50. Geometrische Örter, deren Gleichungen aufzustellen und zu deuten sind.

Welches ist der geometrische Ort für einen Punkt P,

*) Die Kurven zu 1—4 liegen auf Tafel I der Unterstufe gezeichnet vor.

1. der eine zwischen den Koordinatenachsen gleitende Strecke s a) halbiert, b) im Verhältnis $m:n$ teilt,

2. der die Verbindungsstrecke eines jeden Kreispunktes mit einem Punkt innerhalb oder außerhalb des Kreises im Verhältnis $m:n$ teilt,

3. der die Verbindungsstrecke eines jeden Punktes a) einer Parabel, b) einer Ellipse, c) einer Hyperbel mit einem Brennpunkt im Verhältnis $m:n$ teilt,

4. desgl., wenn es sich um die Verbindungsstrecke mit einem Scheitel handelt,

5. desgl., wenn es sich bei Ellipse und Hyperbel um die Verbindungsstrecke mit dem Mittelpunkt handelt,

6. desgl., wenn es sich um die Verbindungsstrecke mit einem beliebigen Punkt handelt,

7. der jede durch den Brennpunkt gehende Sehne einer Parabel halbiert,

8. der von jedem Punkte eines Kreises a) in wagerechter, b) in senkrechter Richtung (in demselben Sinne) um eine gegebene Strecke q entfernt ist,

9. desgl. für die Parabel,

10. desgl. für die Ellipse,

11. desgl. für die Hyperbel,

12. dessen Abstände von einem gegebenen Punkt A (PA) und einer gegebenen Geraden L (PB) a) eine konstante Summe, b) eine konstante Differenz, c) ein konstantes Verhältnis, d) eine konstante Summe der Quadrate, e) eine konstante Differenz der Quadrate haben, f) die Gleichung $mPA^2 + nPB^2 = c^2$ erfüllen,

13. dessen Abstände von zwei gegebenen Punkten A und B a) eine konstante Summe der Quadrate, b) eine konstante Differenz der Quadrate, c) ein konstantes Verhältnis haben, d) die Gleichung $mPA^2 + nPB^2 = c^2$ erfüllen,

14. dessen Abstände PA und PB von den Achsen a) eine konstante Summe b) eine konstante Differenz, c) ein konstantes Produkt, d) ein konstantes Verhältnis, e) eine konstante Summe der Quadrate, f) eine konstante Differenz der Quadrate haben, g) die Gleichung $mPA^2 + nPB^2 = c^2$, h) die Gleichung $q:PA = PA:PB$ erfüllen, i) sich verschieben, indem sich AB um den Punkt $[a; b]$ dreht,

15. der von einem gegebenen Kreis und einem a) innerhalb, b) außerhalb gelegenen Punkt gleich weit entfernt ist,

16. dessen Abstände von einem gegebenen Kreis und einer gegebenen Geraden a) gleich sind, b) im Verhältnis $m:n$ stehen?

---

17. Ein Quadrat $ABCD$ bewegt sich so, daß A auf der x-Achse, B auf der y-Achse gleitet. Welches ist der geometrische Ort für C, wenn a) $OA + OB = c$, b) $OA - OB = c$, c) $OA \cdot OB = c^2$, d) $OA = m \cdot OB$, e) $OA^2 + OB^2 = c^2$, f) $OA^2 - OB^2 = c^2$, g) $mOA^2 + nOB^2 = c^2$, h) AB sich um den Punkt $[a; b]$ dreht?

18. Ein rechtwinkliges Dreieck ABC bewegt sich so, daß der Scheitel des rechten Winkels, B, auf der y-Achse gleitet, während die Hypotenuse mit der Ecke A stets auf der x-Achse senkrecht steht. Welchen geometrischen Ort beschreibt C, wenn AB a) sich um B dreht, b) parallel verschoben wird?

Siebenter Abschnitt: Verwandtschaftliche Beziehungen und Polargleichungen der Kegelschnitte.

§ 51. Daß Parabel, Ellipse und Hyperbel die ebenen Schnitte eines Kegels darstellen, ist im ersten Teil der Oberstufe dargelegt worden. Die Verwandtschaft dieser Kurven tritt in der analytischen Geometrie klar hervor, wenn man dem Koordinatensystem bei allen Kurven eine entsprechende Lage gibt, wie z. B. in den

Scheitelgleichungen der Kegelschnitte.

a) Die Scheitelgleichung der Parabel ist

$$(41)\quad y^2 = 2px.$$

b) Die Scheitelgleichung der Ellipse ergibt sich aus der Mittelpunktsgleichung, wenn man die y-Achse um $-a$ verschiebt. Man erhält dann $y^2 = 2\frac{b^2}{a}x - \frac{b^2}{a^2}x^2$ oder, wenn man $\frac{2b^2}{a} = 2p$ (Parameter) setzt,

$$(42)\quad y^2 = 2px - \frac{p}{a}x^2.$$

c) Bei der Hyperbel ergibt sich durch Verschiebung der y-Achse um $+a$

$$(43)\quad y^2 = 2px + \frac{p}{a}x^2.$$

Anmerkung. Hieraus erklären sich die Namen der drei Kurven, da bei der Parabel das Quadrat der Ordinate eines jeden Punktes gleich dem Produkt aus der Abszisse und dem Parameter ist, während dieses Produkt bei der Ellipse einer Verminderung, bei der Hyperbel aber einer Vergrößerung bedarf.

§ 52. Die Leitlinien der Kegelschnitte. Eine Leitlinie der Ellipse findet man, wenn man zu den Punkten A_1, A_2 und F_2 (Figur 31) den vierten harmonischen Punkt E_2 sucht und in diesem Punkt auf der x-Achse die Senkrechte L_2 errichtet. (Auf entsprechende Weise erhält man die Leitlinie L_1.) Es ist nun $E_2A_1 : E_2A_2 = F_2A_1 : F_2A_2$ oder, wenn man OE_2 mit q bezeichnet, $(q+a):(q-a) = (a+e):(a-e)$, mit-

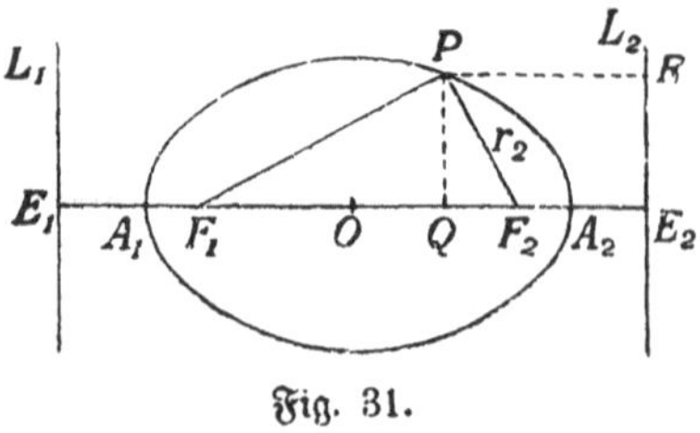

Fig. 31.

hin $2q:2a=2a:2e$ oder $q=\frac{a^2}{e}$. Die Entfernungen des Punktes P von F_2 und L_2 sind daher $PF_2=\frac{a^2-ex}{a}$ (§ 27,(23)) und $PR=q-x=\frac{a^2-ex}{e}$. Folglich besteht die Proportion $PF_2:PR=e:a$ und die Ellipse kann angesehen werden als der geometrische Ort eines Punktes, dessen Entfernungen von einem festen Punkt (F_2) und einer festen Geraden (L_2) ein konstantes Verhältnis ($e:a$) haben, das kleiner als 1 ist. Dasselbe gilt für F_1 und L_1.

Entsprechendes ergibt sich für die Hyperbel, nur ist der Abstand der Leitlinie vom Mittelpunkt $q=\frac{a^2}{e}$ hier kleiner als a; die Leitlinien liegen daher zwischen den Hyperbelästen, und das Verhältnis $e:a$ ist größer als 1.

Zusammenfassend kann man daher sagen: **Der geometrische Ort eines Punktes, dessen Entfernungen von einem festen Punkt und einer festen Geraden ein konstantes Verhältnis haben, ist ein Kegelschnitt, und zwar eine Ellipse, Parabel oder Hyperbel, je nachdem dieses Verhältnis kleiner, ebenso groß oder größer als 1 ist.**

§ 53. **Polargleichungen der Kegelschnitte.** Für die Polargleichungen wählt man einen Brennpunkt als Pol und die x-Achse als Achse.

a) Bei der Parabel ist alsdann $x=\frac{p}{2}+r\cos\varphi$, $y=r\sin\varphi$; mithin wird aus $y^2=2px$ die Gleichung $r^2\sin^2\varphi=p^2+2pr\cos\varphi$ oder nach einigen Umformungen

$$(44)\qquad r=\frac{p}{1-\cos\varphi}.$$

b) Bei der Ellipse ist, wenn man den entsprechend gelegenen Brennpunkt (F_1) als Pol wählt, $x=r\cos\varphi-e$, $y=r\sin\varphi$, und man erhält aus $b^2x^2+a^2y^2=a^2b^2$ die Gleichung

$$(b^2+e^2\sin^2\varphi)\,r^2-2b^2e\cos\varphi\,.\,r=b^4,$$

woraus sich schließlich $r=\frac{b^2}{a-e\cos\varphi}$, oder, wenn man $\frac{b^2}{a}=p$ und $\frac{e}{a}=\varepsilon$ setzt, als Polargleichung der Ellipse

$$(45) \qquad r = \frac{p}{1 - \varepsilon \, . \cos \varphi}$$

ergibt.

c) Für die Hyperbel erhält man dieselbe Polargleichung, nur ist hier $\varepsilon > 1$, während bei der Ellipse $\varepsilon < 1$ (und bei der Parabel $\varepsilon = 1$) ist. (Soll dieselbe Gleichung auch den zweiten Hyperbelzweig darstellen, so muß man für r auch negative Werte zulassen.)

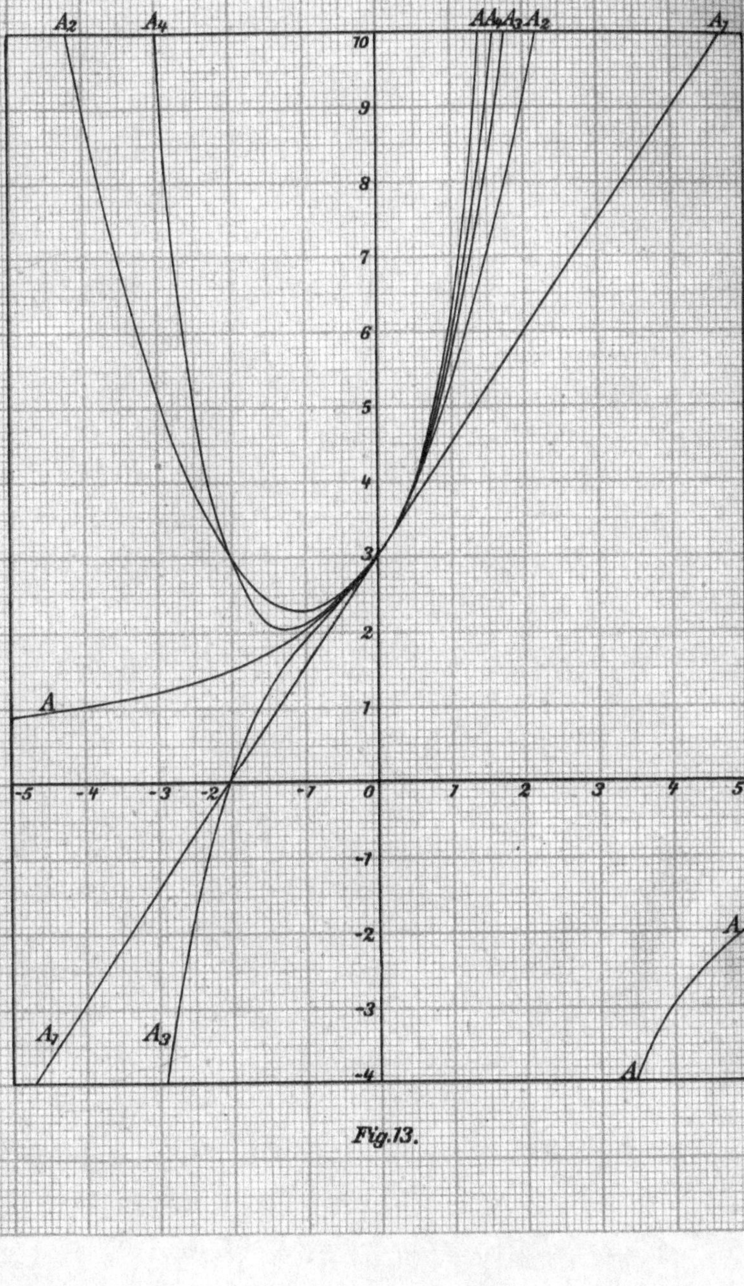

Fig.13.

FSC
www.fsc.org
MIX
Papier | Fördert
gute Waldnutzung
FSC® C083411

Zeitfracht Medien GmbH
Ferdinand-Jühlke-Straße 7
99095 Erfurt, Deutschland
produktsicherheit@kolibri360.de